青少年心理自助文库

自强丛书

自 谦

天地日月比人忙

仉志英/编著

> 谦虚不是让你向势高一头的人畏缩，
> 它是一个人经历沧桑以后才有的成熟。

中国出版集团　现代出版社

图书在版编目（CIP）数据

自谦：天地日月比人忙／仉志英编著. —北京：现代
出版社，2013.7

ISBN 978-7-5143-1607-0

Ⅰ．①自…　Ⅱ．①仉…　Ⅲ．①个人－修养－青年读物
②个人－修养－少年读物　Ⅳ．①B825－49

中国版本图书馆 CIP 数据核字（2013）第 149172 号

编　　著	仉志英
责任编辑	窦艳秋
出版发行	现代出版社
通讯地址	北京市安定门外安华里 504 号
邮政编码	100011
电　　话	010－64267325 64245264（传真）
网　　址	www.1980xd.com
电子邮箱	xiandai@cnpitc.com.cn
印　　刷	北京中振源印务有限公司
开　　本	710mm×1000mm　1/16
印　　张	14
版　　次	2019 年 4 月第 2 版　2019 年 4 月第 1 次印刷
书　　号	ISBN 978-7-5143-1607-0
定　　价	39.80 元

为什么当今时代一部分青少年拥有幸福的生活却依然感觉不幸福、不快乐？又怎样才能彻底摆脱日复一日的身心疲惫？怎样才能活得更真实、更快乐？越是在喧嚣和困惑的环境中无所适从，我们越是觉得快乐和宁静是何等的难能可贵。其实，正所谓"心安处即自由乡"，善于调节内心是一种拯救自我的能力。当我们能够对自我有清醒认识，对他人能够宽容友善，对生活能无限热爱的时候，一个拥有强大的心灵力量的你将会更加自信而乐观地面对一切。

青少年是国家的未来和希望。对于青少年的心理健康教育，直接关系着下一代能否健康成长，能否承担起建设和谐社会的重任。作为家庭、学校和社会，不能仅仅重视文化专业知识的教育，还要注重培养孩子们健康的心态和良好的心理素质，从改进教育方法上来真正关心、爱护和尊重他们。如何正确引导青少年走向健康的心理状态，是家庭、学校和社会的共同责任。因为心理自助能够帮助青少年解决心理问题、获得自我成长，最重要之处在于它能够激发青少年自我探索的精神取向。自我探索是对自身的心理状态、思维方式、情绪反应和性格能力等方面的深入觉察。很多科学研究发现，这种觉察和了解本身对于心理问题就具有治疗的作用。此外，通过自我探索，青少年能够看到自己的问题所在，明确在哪些方面需要改善，从而"对症下药"。

成功青睐有心人。一个人要想获得事业上的成功，就要有自信，就要把握住机遇，勇于尝试任何事。只有把更多的心血倾注于事业中，你才能收获

成功的果实。

远大的目标是人生成功的磁石。一个人如果仅仅拥有志向,没有目标,成功就无从谈起。

一个建筑工地上有三个工人在砌一堵墙。

有人过来问:"你们在干什么?"

第一个人没好气地说:"没看见吗?砌墙。"

第二个人抬头笑了笑说:"我们在盖幢高楼。"

第三个人边干边哼着歌曲,他的笑容很灿烂:"我们正在建设一个城市。"

十年后,第一个人在另一个工地上砌墙;第二个人坐在办公室里画图纸,他成了工程师;第三个人呢,是前两个人的老板。

三个原本是一样境况的人,对一个问题的三种不同回答,反映出他们的三种不同的人生目标。十年后还在砌墙的那位胸无大志,当上工程师的那位理想比较现实,成为老板的那位志存高远。最终不同的人生目标决定了他们不同的命运:想得最远的走得也最远,没有想法的只能在原地踏步。

远大美好的人生目标能吸引人努力为实现它而奋斗不止。每当你懈怠、懒惰的时候,它犹如清晨叫早的闹钟,将你从睡梦中惊醒;每当你感到疲惫、步履沉重的时候,它就似沙漠之中生命的绿洲,让你看到希望;每当你遇到挫折、心情沮丧的时候,它又犹如破晓的朝日,驱散满天的阴霾。

在人生目标的驱策下,人们能不断地激励自己,获得精神上的力量,焕发出超强的斗志。那样,你就能收获成功的果实。

本丛书从心理问题的普遍性着手,分别描述了性格、情绪、压力、意志、人际交往、异常行为等方面容易出现的一些心理问题,并提出了具体实用的应对策略,以帮助青少年读者驱散心灵的阴霾,科学调适身心,实现心理自助。

本丛书是你化解烦恼的心灵修养课,可以给你增加快乐的心理自助术。本丛书会让你认识到:掌控心理,方能掌控世界;改变自己,才能改变一切。本丛书还将告诉你:只有实现积极心理自助,才能收获快乐人生。

C目录
ONTENTS

目录

目录

第六篇　诚乃安身立命之本

第一篇 >>>

放飞自己的心情

　　人生不可能永远快乐,也找不到那么多快乐,请不要陷入忧伤,抬头看看,天空还是那样蓝,水还是那样清。放飞自己的心情!常言道:一盏灯燃烧另一盏灯,却无损自身光芒。把快乐和幸福与人分享,分给越多,获得的也越多。

　　同是头顶骄阳,有的人会为这样的大热天感到烦躁不已,也有人会爱上这样充沛的阳光;一样的大雨磅礴,有的人会讨厌雨水弄脏了自己的新鞋子,有的人却说:"雨水不但冲走了灰尘,还带来了宁静,多么美好!"

让心灵永远轻盈翱翔

人们在面对突然的生活或工作变故时，可能会出现一时的彷徨，这个时候，你就应该放开你的心胸与眼界，而不能一味地沉浸在一时的忧愁之中，这样，你才能步入另一片新的天地。

最近，小吴一直觉得自己的工作很累。她参加工作已经三年了，每天早出晚归，很卖力地工作，也取得了不错的成绩。可是她最近却发现自己很迷茫，业绩不再有提高，和同事之间的关系也变得不自在，一些明明能做好的事情现在却有些不知所措，精力完全集中不起来，浮躁和厌倦的情绪包围着她，使她想要逃离，逃得越远越好，逃到新的环境和生活状态中去。

同事小王建议她给忙碌的工作按下"暂停键"，出去走走，给心灵做个瑜伽，也许能缓解这种疲惫、烦躁的心理，也可借机认真审视自己走过的路，为接下来的生活调整方向。

于是，小吴带了点简单行李，在郊区租了间农家院，与世隔绝般，每天一个人吃饭、散步、睡觉，和小狗对话，和自己聊天。十天之后，精神饱满地回到了单位。

每天穿梭在熙熙攘攘的人群中，来往于闹市繁杂的尘世间，应付工作琐事、情感烦恼，我们的心都渐渐变得麻木了。心灵的草场一片繁芜，我们没有时间、没有精力去修剪它，它逐渐变得杂草丛生。

拥有宁静的心灵世界本来就是美好生活必不可少的要素，我们每

第一篇 放飞自己的心情

自 谦

个人内心深处都需要这样一处避风港湾。当我们在人生路上感觉疲惫的时候，不妨暂时将生活的琐碎和工作的压力抛在脑后，静静聆听心灵的声音，与自己交谈。

如果一个人的生活、工作总是太满，没有留出足够的给心灵做瑜伽的时间，很容易出现迷茫和烦躁感，有时就像掉入一个泥潭，怎么也拨不出双腿。其实，给疲惫的心灵放假，时时调适心情，就犹如一根希望的绳子，总能把我们拉出泥潭。

有一位考古学家，千里迢迢去找寻古印度文明的遗迹。他雇了一些当地的土著人作为向导及挑夫，一行人浩浩荡荡地朝着丛林的深处进发。到了第三天，土著人都停下来拒绝前行。原来，这里的土著人自古以来便流传着一个神秘的习俗：在赶路时，皆会竭尽所能地拼命向前冲，但每走上两天，便需要休息一天！世世代代，从不例外。

考古学家十分不解地问部落首领："为什么你们要坚持走两天歇一天呢？"年迈的部落首领耐心地解释说："我们的脚步走得太快，而我们的灵魂走得太慢，走两天歇一天，就是为了等我们的灵魂赶上来！"

是呀，人哪能没有灵魂呢！走的时候，是为了体现生命的价值；停的时候，是为了享受人生！人不应该只在匆匆赶路，应适时给心灵放个假。

给心灵放个假，听一段自己喜爱的音乐，让美好的音乐带着我们进入情感的天地、排空脑中的烦恼；给心灵放个假，窝在舒适的沙发里，伴随着咖啡的醇香，让心中的不快飘散到空中；给心灵放个假，到山顶去望远听松，让风吹散那苦闷的心情，让阳光来照亮那阴暗的心灵；给心灵放个假，到海边去看浪，在与浪花的搏击中，振奋起精神，让浪花冲走心中的不快；给心灵放个假，还可以去逛逛街，买几身漂亮的衣服让自己的心情靓丽起来……

天地日月比人忙

4

给自己的心灵放个假，从成功中总结经验，在前进中寻找不足，静静地思考未来的路，勇敢地超越自己。不留恋眼前的辉煌，和昨天的胜利说声再见，然后洒洒脱脱地继续明天的征途。

心灵悄悄话

我们必须腾出时间和自己相处，因为它给了我们繁忙生活中一份难得的闲暇，给了我们浮躁心灵一份真挚的沉淀，也给了我们忙碌的心灵一次反省的机会。更重要的是，让我们学会了和自己相处，和自己相伴，让心灵持久充盈地轻盈翱翔！

第一篇 放飞自己的心情

打造心境的和乐之美

或许你还是一个在象牙塔里接受知识灌溉的学子；或许你已经步入社会，成为一个在职场打拼的新人；或许你完全老练到可以随时变换面孔去面对每一次交易；又或许你已年过半百，参透世事。在所走过的这些岁月里，我们也许有着完全不同的际遇。然而，有一点，却是我们每一个人都相同的，那就是我们都曾欢笑或者悲伤过。

笑容或者眼泪都是人生的调色剂，没有了它们，人生便失去了色彩，但它们之于我们每个人的意义又各有不同。心胸宽广的人，总是在生命中看到无数个艳阳天，所谓的眼泪便成了排解情绪或者表达感动的染色剂。心胸狭窄的人，头上所顶的多数都是阴霾，快乐也成了自欺欺人的假象或者寥寥无几的奢侈品。

回头想想，你是否总是为了这样那样的小事而皱起眉头？而你的生活看起来又总是没有身边的其他人那么尽如人意。你也常常羡慕那些自在而又快乐的旁人，或者慨叹自己为什么总累得喘不过气来？其实，生活对于每个人都是一样的，而你的负累只在于你在自己的人生天平上放了太多沉重的砝码！

有3个女人原本都是一家工厂的女工，工厂改制时，她们下岗成了待业人群。由于没有太高的文化，想要再找一份合适的工作是难上加难。于是，迫于生活的压力，3个女人都先后做起了保姆。

一次同学聚会上，3个人聚到了一起。随着话题的节节深入，大家纷纷谈论起了自己的职业。

当被问及从事什么工作时，第一个做保姆的女人无精打采地说："能做什么？下岗这样倒霉的事情都会降临到我的头上，我这一辈子都是受苦的命。没办法，现在只能做些伺候别人吃喝拉撒的苦差事。"

第二个妇女坦然地微微一笑："下岗了，没什么事做，还好，朋友帮忙找了一家不错的人家，在做保姆，工资待遇也还不错。"

第三个妇女看起来神采奕奕，她说："终于摆脱在工厂里几十年如一日的无聊了，我现在做的是一项能实实在在为别人带来轻松和舒适的工作。我喜欢去琢磨不同雇主的心思和喜好，每次看到他们脸上的笑容或听到他们对我做的饭菜的称赞，我就真正感觉到了自己存在的价值。"

5年之后，大家又一次聚到了一起。自然而然地又聊起了工作的话题。这时第一个做保姆的女人早已因为不肯继续做让她觉得丢面子的工作而回家做起了全职太太，整天也只能看着老公的脸色勉强度日。第二个做保姆的女人依旧还是一个保姆，不过因为勤劳，已经在周围人的口中有了一些小名气，大家都愿意请她去做家务。而第三个做保姆的女人则成了一家家政公司的总经理。

是什么让他们有了如此巨大的差距呢？正是她们在各自的人生天平上所放置的砝码！

快乐与痛苦就是四季中的夏日与冬季。如果你选择了夏天的鸟语花香，认为夏天会给你带来快乐。那么，你就无法再将冬天的白雪皑皑放在眼里。在你看来，那不过是一片失去一切生机的落寞。

其实，不管是夏天还是冬季，对你来说都不会产生太大的影响。风景处处都有，生活也一样照过。左右你情绪的只是你自己的内心感受。唯有放宽心胸，看到一切时你才能体验到不同季节所带来的美好感受。

其实，世间许多事情并无所谓彻底的好坏对错，全在于你用怎么样的心情去体会它，怀着多大的心胸去承载它。当乐观多于悲观时，

人生自然会一片光明。

一位家境贫穷的母亲带着她的小女孩行走在人头攒动的大街上，今天是小女孩的生日，母亲想要给她买一双鞋子。看着街上行人光鲜亮丽的着装和女儿身上破旧的衣服，母亲深深低下了头，紧紧攥住小女孩的手。

"妈妈，你看，你看!"忽然，小女孩兴奋地叫了起来，她拉着母亲的手，来到了一架摄像机前。

"妈妈，我们照张相吧。"小女孩说道。

"可我们没有太多钱，一会儿还要给你买鞋子。"母亲很为难。

"妈妈，我不要鞋子，我们两个照一张照片吧!"小女孩说。

"可我们的衣服太旧了，照出的照片会很不好看。"母亲低声说道。

"可我们的笑容每天都是崭新的啊!"小女孩开心地说。

一旁的摄像师听到小女孩的话，决定免费为她拍摄一组照片。照片冲洗出来之后，他将其挂在了自己的橱窗里，并为照片命名为"最美的心境"。

想想生活中的我们，是否能够像那个小女孩一样，拥有如此美好的心境。即使衣衫褴褛，却也能坦然而从容地将笑容时刻挂在自己的脸上。很多时候，我们都比那个小女孩幸运得多，也富有得多，但是，我们却很少能够拥有那样单纯的快乐。现实中的我们，总是像一个时刻遭受着苦难而被快乐遗弃的孩子一样，苦守着生活所带来的一大堆琐事，愁眉不展。甚至肆无忌惮地发泄不快，让自己和别人的心情都变得更加糟糕。

其实，生活一直在源源不断地给予我们快乐，关键是你的心里有没有空间收纳这些美好。同是头顶骄阳，有的人会为这样的大热天感到烦躁不已，也有人会爱上这样充沛的阳光；一样的大雨滂沱，有的人会讨厌雨水弄脏了自己的新鞋子，有的人却说："雨水不但冲走了灰尘，还带来了宁静，多么美好！"

日常生活中，平凡的我们一定要把心放宽一点，切不可把自己的天平总是向着泥泞的一方倾斜，更不要把自己的心灵套上沉重的枷锁。当快乐变成装载生活的主题时，苦难和悲伤就会变得很轻很轻。

心灵悄悄话

"心是晴的，天阴也是晴。心是阴的，天晴也是阴。"人的一生就像一架天平，乐观在左盘，悲伤在右盘。好的心境，使你产生向上的力量，使你喜悦、沉着、冷静、生气勃勃。

释放心灵深处的欲望

人生在世，不如意事常八九，学业无成，恋爱失意，事业受挫，家庭变故，经济拮据，人际是非以及命运无常等，都会给人带来忧愁或沮丧，尤其现代社会的快节奏，竞争激烈，人心浮躁，以致有人感叹身心苦累，这时，需要宽容自己。

47岁的邵岩在众人的眼中算得上是一个成功人士。然而，当别人向他请教成功的心得时，他却有些失落地说："虽然大家现在都对我的成就刮目相看，可是现在我却怀疑'成就'究竟是指什么，大家究竟是为了什么而夸奖我。我这辈子一直都在努力完成一件又一件别人眼中所谓的成就，不给自己时间去思考我为什么要工作。为此，原本热爱交友的我没有时间去结交真正的朋友，每天都在压力下生活。而这种生活又不是我所渴望和喜欢的，但我却没办法去改变它，只能任其继续发展下去。这简直是一种近乎疯狂的状态。如果时间可以退回去10年，我会早一些放慢脚步考虑一下，最起码不会让自己再这么迷茫和精神匮乏。"

"我们此生不一定要成大名，立大功。可是，我们一定要明白自己的梦想，并把它具体起来，使它成为可能，然后去追求它，去实现它。"这是一位作家所提到的人生价值和目标。这种目标无疑是最美的，而追寻梦想的过程也充满了极大的幸福和快乐。

然而，现实生活中，有多少人并不是因为自己喜欢，而是迫于别人的意志而选择了现在的生活模式，去演那个大家喜欢的"角色"。生活因为不明确目标而失去了幸福和快乐，让人感到痛苦不堪。

有个男人原本在一家公司从事销售工作，他是个喜欢挑战自己的人，这样的工作让他充满斗志和兴趣。于是，他每天上班都快快乐乐的，业绩也相当不错。

后来，男人结婚了，他的妻子希望他能够换一份稳定一点的工作，因为她不喜欢自己的丈夫整天跑来跑去的。男人的岳父岳母也常常唠叨说："你学历也不低，找个别的工作应该也很容易，干嘛偏偏要干没有太大前途的销售呢？"

起初，男人还试图想要坚持自己的初衷，但没过多久，他就因为耐不住妻子和家人的软磨硬泡而辞去了销售一职，在朋友的推荐之下，到一家公司当上了总经理助理。

男人职位的调动让全家人都感到很满意。然而，男人却一天比一天不快乐了。他觉得这样的办公室生活简直太枯燥无味了。每天上班都像例行公事一样，所做的事情虽然看起来有一大堆，可却没有一件是实实在在有成效的工作。男人再也找不到当初工作的成就感和愉悦感了，他不知道自己工作的意义何在。于是，他开始讨厌上班，即使是下了班回到家中心情也不好，整个人的状态都变了。

就这样过了一段时间，某一天，男人终于想明白了。为了不继续在消沉的泥沼中沉沦下去，他必须去做自己喜欢做的事情。只有这样，他才能找到自信和快乐，才能带给身边的亲人更好的生活。

于是，当天下午他就毅然辞去了安逸的总经理助理一职，回到了原来的工作岗位上，他马上就恢复了原来的信心和斗志，不久就因为业绩出色而被提升为销售部经理，人也变得越发精神抖擞起来。

尊重自己的意愿，快乐最重要。为什么非得背负着各种压力去做那些明明自己心里一点都不喜欢的事情呢？这不等于是在自寻烦

恼吗？

　　你有权支配自己的时间和行为。想做的事尽管去做，不要怕别人冷嘲热讽。在生活中，假如你仅仅因为财富、地位、名望，或是家人的意愿，选择了自己不喜欢的工作，那就赶快跳出来吧！如果你不能清醒客观地看待自己的天性，盲目地追随了他人的想法，最后苦的是自己。你应该很清楚，兴趣才是最大的动力和快乐的源泉，最适合你的应该是你真正喜欢的工作。只要兴致盎然地去做，平凡的工作也可能会做出一番惊人的成绩。否则，你只能生活在被动而不快乐的状态中。

　　至于一些人生的重大抉择也是一样的道理，要想得到想要的果子，那你先得选对了路。做决定的时候，一定要听听自己内心最真实的声音。假如排错了队，就要及时地纠正过来，以免付出更高的代价。

　　所有人都希望自己的生活方式是被大家羡慕的，却忘记了自己是不是真的喜欢。所以注定要忍受更多的寂寞、痛苦和空虚，这就是活在别人思想里的代价！

　　过去的日子，我们总是小心翼翼，为了这样那样的事情而充满顾虑。或许犹豫不决和战战兢兢的性格已经让我们在不知不觉中丢失了真实而完整的自我，失去了人生太多的快乐。我们几乎纯粹地在他人的眼睛里活着，在舆论里活着，在看不见边缘的影子里活着。经验使我们变得不敢表现自我，不敢说出自己内心的想法，而我们在这样的饱受煎熬中还以为这是成熟的标志！

　　假如过去你遗忘了自我，那么就从现在开始抛去压力和别人的左右，鼓起勇气，不必再为了别人的眼光而违背自身意愿，只要是你喜欢并认为值得去做的事情就去做，不想做的就不要逼着自己做。每个人都是自己的主人，没有人可以左右你的意见，也没有权力主宰你的心情。

　　我们要学着去释放心灵深处那种飞翔的欲望和超脱的愉悦，你会发现，我们强烈渴望和一直找寻的东西正是这些。

我们每个人内心深处都需要有一个避风港湾。当我们在人生路上感觉疲惫的时候，不妨在此享受片刻的温馨，将生活的琐碎和工作的压力都抛在脑后，静静聆听心灵的声音，释放心灵深处那股飞翔的欲望。这样才能够在这个浮躁的时代自信而从容地享受生活，用一颗平和睿智的心对待人世间的冷与热。这样才能拥有智慧而通达的人生。

心灵悄悄话

生活中的你我千万不可让抑郁占满了自己的心灵。告别抑郁的最有效的方法是改变自己的认知方式，增加思考的灵活性，要客观地思考问题，不要钻牛角尖。

别让抑郁占满你的心灵

抑郁是都市中的流行病，"郁闷"成为越来越多人的口头禅。它是每个人都可能会得的一种心理疾病。著名心理学家马丁·塞利曼将抑郁症称为精神病学中的"感冒"，也就是说它是一种像感冒一样普通和平常的情绪。

比如我们失去了亲人、做错了事情、遭到领导的批评，甚至是夫妻间吵架拌嘴，这时我们往往会感到失落和无助，自责或内疚，因而情绪低落、沮丧，这就是抑郁。

抑郁这种情绪虽然谁都会有，但与一般的悲伤反应不同。抑郁、悲伤、痛苦、羞愧、自责等任何一种单一的负性情绪更为强烈和持久，给人带来的影响也更深远。

小冯从海外留学归来，顺利进入上海一家著名的大企业工作，并在很短的时间内成功地坐上了经理这个令人美慕的位置。

在别人眼里，小冯聪明能干，学识渊博，气质高雅，是标准的高级白领。她的脸上始终保持着优雅的笑容，说话带着睿智和幽默，在复杂的人际关系中从容游走。但是，她并没有真正地开心过。她的好心情是为领导、同事和那豪华的办公室而定做的，每天只要一下班，她的内心就变得压抑、彷徨、担忧和脆弱。

她从上学到工作，一直都是优秀的，她已经习惯了别人的赞扬，虽然这千篇一律的赞扬已经不再能打动她的心，却让她不知不觉中戴上了厚厚的面具。她感觉非常累，却不能对没完没了的工作说不，她

必须做到尽善尽美；她心中烦躁，却不得不在表面上做到优雅；她感觉紧张，却只能表现从容。她不能暴露自己的缺点和弱点，她必须努力把最光鲜的一面呈现在外人面前，否则就会破坏自己在别人眼中优秀的形象。她变得没有个性，失去了自我，只剩下一个大家都认同的躯壳。

小冯觉得自己心情愈来愈压抑，工作效率也大不如从前，还出过几次差错，遭到了领导的批评，这更让她的心情跌入了低谷。再加上公司新人辈出，竞争激烈，她时时感到力不从心，紧张、焦虑的情绪她是不敢在职场发泄的。于是，父母就成了她的出气筒，父母看着知书达理的女儿突然变得粗暴，不可理喻，常常不由地叹息。每当此时，小冯心里就非常难过，她内疚，但又不能表露。她不知道这种状况还要持续多久，也不知道自己会不会在未来的某一刻突然崩溃。

我们不能小看了抑郁对上班族的危害，经常性的抑郁会使人工作倦怠，生活空虚无聊。抑郁不仅会影响工作效率，还会导致人际关系的紧张，造成企业团队整合不良。此外，抑郁会降低患者自身的免疫力，现在的"亚健康"人群比例大，很大程度上与抑郁有关。

一般人患的是轻度抑郁，以持续的心情低落为特征，一般表现为心情压抑、郁闷、沮丧，对日常活动缺乏兴趣，对前途悲观失望，病前的精神创伤常盘踞在脑海中，以致精神不振，反应迟钝，患者为此感到羞愧和内疚。如果轻度抑郁症得不到及时治疗，心灵受到的痛苦越来越重，就可能发展为中度以至重度抑郁症。这时，患者的思想与现实更为脱节，常常会毫无原因地觉得有罪恶感和没有生存的价值，严重者甚至会自杀，有资料表明：74%的自杀者是因为抑郁。所以，当你感觉到压抑、心情郁闷的时候，及时地自我调整非常必要。

首先，可以试试运动疗法。抑郁症患者一个最大的特征就是会觉得全身无力，不仅做事提不起精神，甚至连煮饭、刷牙这些动作都会觉得力不从心，而运动可以消耗身体热量，改善体能，给人一种轻松

和自己做主的感觉，自然能改善抑郁的症状。

英国《运动医学杂志》的一篇文章指出，德国柏林自由大学的医生，追踪曾经罹患重度抑郁症至少 9 个月的 5 名中年男性和 7 名妇女，发现药物对这些患者的疗效相当有限，甚至无效。后来，研究人员要这些患者每天在跑步机上运动 30 分钟，在 10 天的运动期间，逐渐增加其运动量，并评估患者情绪状况的变化，结果在 10 天后，有 6 名患者表示抑郁情绪已大有改善。

但是，锻炼必须达到一定的强度，持续一定的时间，才会有效果。例如去健身房跑步、跳绳、跳健身舞等，每周至少 3 次，每次至少 20 分钟。

其次，可以试试精神疗法。抑郁症患者之所以抑郁通常是因为戴着有色眼镜看世界看自己。为了改变这种错误观点，洛杉矶精神医疗中心的加里埃默提出了"三 A 法"，即明白、回答、行动。因三词的英文字母均以 A 开头而得名。

"明白"是指要承认自己精神上的忧郁，你可以通过注意自己情绪的变化，言行举止有无异常，以及感觉思维的差别和身体反应等来判断自己是否患了抑郁症。

"回答"是指要学会每当有错误的时候，应及时地予以识别并记录下来。先写下自己的错误想法，然后问问自己，能不能从另一个方面来看。慢慢给自己灌输正确的积极的想法。

"行动"就是要把想法付诸行动。比如，如果你在工作中不能得心应手，不要停留在抱怨阶段，应修一门课程来提高自己的技术水平，或者寻找新的工作。此外，你还要多安排一些活动，使自己的生活尽量规律化。

再次，可以试试美食疗法。经研究发现，有些食物有助于保持心理平衡，使人变得心情开朗。因为它们所含的物质都有抗抑郁功效，比如，深水鱼。研究显示，全世界住在海边的人比较快乐和健康，不仅因为大海让人神清气爽，最主要的是他们把鱼和香蕉当作主食。香蕉含有一种称为生物碱的物质，可以振奋精神和提高信心，香蕉还是色胺酸和维生素 B 的超级来源，这些都可以帮助大脑制造血清素，减少产生忧郁的情形。再如菠菜。菠菜除含有大量铁质外，更有人体所需的叶酸。人体如果缺乏叶酸，脑中的血清素就会减少，造成抑郁症出现。此外，葡萄柚、樱桃、低脂牛奶、巧克力、全麦面包、南瓜、鸡肉、大蒜都有缓解抑郁症的效果。

最后，还可以试试交际疗法。研究表明，善于与人交往者比喜欢独来独往的人在精神状态上要愉快得多。事实也是如此，一个人的时候总是容易受孤独和寂寞的侵袭，性格内向的人也比外向的人更容易感到抑郁。美国某精神健康研究室最近发起了一场运动，口号是"朋友乃良药"。多与朋友在一起交流沟通，会让人心情愉快。

心灵悄悄话

现代生活紧张、压力大，而且人们没有太多时间去互相理解和沟通，于是，抑郁成为现代生活中一种比较常见的不良情绪。一旦陷入抑郁情绪中，内心苦不堪言，生活没有一点热情，更谈不上快乐开心。

第一篇　放飞自己的心情

人生要学会做减法

现代人的欲望日益膨胀，永无休止地往自己的人生行囊中塞进各种各样的事物，食有鱼，出有车，尚思别墅和发财。于是有的人精神疾患越来越严重，更有一些人的人生戏剧最终完全变味，上演成一幕幕闹剧和丑剧。

印度诗人泰戈尔说："鸟的翅膀一旦系上了黄金，就永远也不能飞腾起来。"围棋骁将刘小光曾经说过："我觉得下棋，经常不是增加点东西，而是减少点东西。"正是他的减法，使他的状态一直颇佳，人生的道理大体也是这样，在人生的奋斗历程中，只有学会放弃一些东西，才能让心灵轻松自在，才能有所进步。

学会人生的"减法"，已成为我们现代人的当务之急！

有一个人觉得生活很沉重，便去见哲人，寻求解脱之法。哲人给他一只篓子背在背上，指着一条沙砾路说："你每走一步就捡一块石头放进去！"

那人照哲人的话做了，哲人便到路的另一端等他。

再见面时哲人问："有什么感觉？"

那人说："越来越觉得沉重。"

哲人说："这也就是为什么你感觉生活越来越累的原因。我们来到这个世界上时，每个人都背着一只空篓子，我们每走一步都要从世界上捡一样东西放进去，而不知剔除那些赘繁无用的东西，那么，就难免会越走越累，甚至有的还会被累死拖垮。"

很多时候，我们需要给自己的生命留下一点空间，就像两车之间的安全距离——一点缓冲的余地，这样可以随时调整自己。生活的空间，需借收拾清理而留出，心灵的空间，则经思考开悟而扩展。

打桥牌时，我们手中的牌不论好坏，都要把它打到淋漓尽致；人生亦然，重要的不是发生了什么事，而是我们处理它的方法和态度。假如我们转身面向阳光，就不可能陷身在阴影里；拿花送给别人时，首先闻到花香的是我们自己；抓起泥巴抛向别人时，首先弄脏的是我们自己的手。因此，要时时心存好意，脚走好路，身行好事。

光明使我们看见许多东西，也使我们看不见许多东西。假如没有黑夜，我们便看不到闪亮的星辰。因此，即使我们曾经一度难以承受的痛苦磨难，也不会完全没有价值。它可使我们的意志更坚定，思想和人格更成熟。

不要在是非中彼此摩擦。有些话语虽然不重，但稍有不慎，便会重重地压在别人心上；当然，也要训练自己，不要轻易被别人的话扎伤。不能决定生命的长度，但你可以扩展它的宽度；不能改变天生的容貌，但你可以时时展现笑容；不能企图控制他人，但你可以好好把握自己；不能全然预知明天，但你可以充分利用今天；不能要求事事顺利，但你可以做到事事尽心。

心灵悄悄话

美好的生活应该是时时拥有一颗轻松自在的心，不管外界如何变化，自己都能有一片清静的天地。清静不在热闹繁杂中，更不在一颗所求太多的心中，放下挂碍，开阔心胸，心里自然清静无忧。

第一篇 放飞自己的心情

赶路的途中别忘了欣赏风景

当今社会是一个忙碌的社会，是一个追求速成的社会，人们早已忘记日出而作、日落而息的悠闲，看到的多是赶路时的匆匆脚步。为了追求物质财富，实现个人理想，人们就像一辆疾行的列车，为了早日抵达目的地，日夜高速前行，却忽略了沿线的美丽风景。

人们的生命在奔忙中消耗，而人们的精神也在残酷的竞争和快节奏的生活中趋于紧张，以致麻木或崩溃。

拼命赶路，无可厚非，但是该停则停，沿途的风景也要去欣赏。

列宁说："会休息的人，才会工作。"其实，生活也是一样，如果我们过分地专注于赶路，就会忽略沿途的风景，忽视身边的快乐。《羊皮卷》中记载了这样一个故事：

拉比看见一个人行色匆匆、急急忙忙地赶路，便把他叫住，问道："你在追赶什么呢？"

"我要赶上生活。"这个人头也不回、气喘吁吁地回答。

"你怎么知道生活在前面呢？"拉比继续说，"你拼命往前跑，一心一意想赶上生活，可是你怎么不看看四周呢，问问自己生活究竟在哪儿？也许生活正在你后面追赶你呢。只要你静下心去发现，它就能与你会合；可是你却越跑越快，拼命逃离了自己的生活啊。"

人生不是一场赛跑，而是一场旅行。当我们坐在驶抵目标的列车上时，不应该只是闭眼睡觉，更应该把头扭向窗外，看看沿途的风

景。有时候我们应该静下心想想，自己到底要追求什么样的生活，而自己当下又在做些什么。

有时候，我们从一个起点出发的时候，知道自己的目标是什么。可是出发以后，慢慢地就忘记了自己最初的想法。就像我们最初一定都是为了更好的生活而工作的，可是到了后来呢，多数人沦为了工作的奴隶，日日疲于奔命，早就忘记了工作的初衷是为了更美好的生活。所以，我们不妨每天都抽出来一点时间欣赏生活的美景，放松自己的心情。

安东尼是一家公司的主管，他的工作态度就是不断地保持生命力，如果他没有把事情做完，他会觉得怠惰、沮丧，有罪恶感。可是不论安东尼做了多少，总是觉得自己做得还不够。一旦闲下来就感觉无聊空虚，只有忙碌的时候才能踏实。于是他对实际工作感到压力重重，精神透支且枯燥乏味。

长久以来，安东尼一心都扑在工作上，他从来没有停下来过，他的家就在海边不远的镇上，但是他从来都没有像别人那样悠闲地坐在海边体验这一切，看看绮丽的海景、嗅嗅清凉的海风、听听动人的海涛。

他一直害怕如果自己不能加快脚步，就会变得懒惰而且无法做好任何一件事。这种想法让安东尼沮丧透了，所以安东尼总是让自己像陀螺一样忙得团团转，只有在消掉工作表上已完成的事项后才会觉得有一丝轻松。

有一次，安东尼在公司的安排下到佛罗里达州实习，参加为期3周的心理学新发展课程。

起初的两个星期，安东尼对上课内容有一箩筐的问题，他想借此机会学到更多的观念和方法，但是很糟糕，安东尼似乎没有找到其中的要诀，而课程指导员却一直告诉安东尼要放松心情才可以专注倾听。

自谦

"下午放自己一个假，到海边去吧！"课程指导员说。

安东尼对课程指导员的建议并没有好感，要他一整个下午都待在海边，那种不做事的感觉会令他疯掉的。于是安东尼和他据理力争，因为只剩下一个星期了，他觉得不能浪费时间，但在课程指导员的坚持下只好去试试看。

第二天，安东尼独自漫步在海边，刚开始的时候有一种新鲜的感觉，但不久之后就陷入了焦虑之中。他根据课堂上学到的技巧放松自己。

当晚，他睡得很沉。半夜2点安东尼如梦初醒，顿时恍然大悟，原来这是放松的感觉。

安东尼第一次清楚地知道顺其自然和不去强求意念。他终于明白了。

心智放松了，这一切看来真是太简单、太不可置信了。

回到明尼苏达州，他好像变了一个人似的。每当他工作紧张或是思路不畅的时候，他都会独自向窗外眺望，休息几分钟。一天结束后，工作比预期进行的速度还要快，而且没有以前的疲惫感觉。更让人吃惊的是：这一整天安东尼都很快乐，无论是工作还是休息，一点也不觉得累。

经常听到别人说："哦，太忙了，没时间！"他们的时间都到哪儿去了，原来是投入到工作和追逐梦想上了，为了实现自己的目标不停地赶路。

殊不知，只知道赶路，却不懂得欣赏沿途风景，是多么得不偿失。

视钱如命的犹太人都愿意在赚钱的旅途上适时停下来休息，欣赏生活美景，我们为何不能善待自己，适时停下来放松身心，欣赏风景呢？

如果你永不停息地向前奔跑，只会祸害了自己。只有既懂得为实现梦想积极赶路，又懂得经常让自己停下来休息，才能游刃有余地处理好各种事情，充分地享受一个丰富的人生。

心灵悄悄话

　　人不应该只为了奔波或者享受而在世上生活，两者兼而有之才是最理想的生活状态。我们不仅要学会如何经营事业和生活，更应该学会怎样忙里偷闲，享受欢愉。即使再匆忙，也不要忘记领取上帝的恩赐，也不要忘记欣赏路途中的美丽风景。

第一篇　放飞自己的心情

别让自己活得太累

你太累了，也该歇歇了，不要跟自己过不去。给自己一点时间和空间，听歌、听感人的故事、出去远行等，相信你会笑着面对一切的。

现代社会中，工作和生活的节奏不断加快，竞争也日益激烈，假如人们不注意调整自己的心态，就很容易感到身心疲劳，也就是我们常说的"活得累!"

一位医生在给一位企业家进行诊疗时，劝他多多休息。这位企业家非常愤怒地抗议道："我每天承担大量的工作，没有一个人可以分担一丁点儿的业务。医生，您知道吗？我每天都得提一个沉重的手提包回家，里面装的是满满的需要处理的文件呀!"

"那么，为什么晚上还要批文件呢？"医生非常讶异地问道。

"那些都是必须处理的急件。"企业家很不耐烦地回答。

"难道别人不可以帮助你吗？你的助手呢？"医生问。

"当然不可以！只有我自己才能正确地批示呀！而且我还必须尽快处理完，否则公司就无法运营下去了。"

"这样吧！现在我开一个处方给你，你不妨照着做"。

企业家听完医生的话，读一读处方的规定——每星期空出半天的时间到墓地一次；每次散步两小时。企业家非常怪异地问道："为什么要我去墓地呢？"

"因为……"医生不慌不忙地问答，"我是希望你可以四处走一

走，看一看那些与世长辞的人的墓碑。你不妨认真思考一下，他们生前也与你一样，认为全世界的事都得扛在双肩，可现在他们全都永眠于黄土之中，你或许有一天也会加入他们的行列，但是整个地球的活动还是永恒地进行着。而其他在世的人们仍是如你一般继续工作。我建议你站在墓碑前好好地想一想这些摆在眼前的事实。"医生这番苦口婆心的劝说终于惊醒了企业家，他依照医生的指示，转移一部分职责，放慢生活的步调，他知道生命的意义不在急躁和焦虑，他的心已经得到平和，也可以说他比以前活得更好，当然事业也蒸蒸日上。

是啊！"生活太累了！"经常听见有人喊出这样的一句话。生活在不缺吃不少穿的小康社会里，为什么有些人还会感觉活得太累呢？究其原因有以下几点：

1. 志大运背，怀才不遇。这种人不愿随波逐流，天生清高孤傲，虽才高八斗学富五车，但偏偏遇不到赏识千里马的伯乐，致使其怨气冲天，经常发出"龙卧浅滩遭虾戏，虎落平原被犬欺；得志蠢猪充大象，落魄凤凰不如鸡"的慨叹。

2. 喜洁成癖，自讨苦吃。这种人容不得一点污垢和半点灰尘，满眼都是脏乱不堪的惨状，恨不得把所有的人和物都扔到清水中，把所有的休息时间消耗在清洁上，在梦里甚至都忙个不停。

3. 忧国忧民，事事操心。这种人智商不比别人高，可考虑的事儿却远比别人多。比如台北市长谁要上台了，2008 年奥运会中国能拿多少奖牌等，他们整天把自己搞得疲惫不堪。

4. 在位谋政，诚惶诚恐。有的人把"说你行你就行不行也行，说不行就不行行也不行——不服不行"这副对联当成了座右铭，不能得罪了下属，免得测评时不给画圈；更不敢迁怒于上司，免得他伺机给双小鞋穿；特别是逢年过节不知如何打理，真像过鬼门关似的，累啊！

活得累的人，不妨按照上面几点认真分析自己究竟累在什么地

方，心病还需心药医，确确实实地对症下药。这样，才能使自己从"活得累"中解脱出来，从而使自己生活得更加快乐和充实。

给"活得累"的人开的药方就四个字：修身养性。就是指面对挫折和困难要鼓起勇气，树立自信心；努力寻找自己在生活中的适当位置，脚踏实地地为他人、为社会做事，以充实自己；遇事要拿得起，放得下，不要为一些个人和生活中的小事而斤斤计较。

因为不适应目前竞争的社会环境以及对生活的快节奏不适应，并由此感到"活得累"的人，就应该磨炼自己的意志，锻炼身心，以增强心理的适应能力。

此外，心理调整法也是治疗"活得累"的良方。就是要做到不断纠正自己因循守旧的意识和故步自封的想法，树立信心，增强尝试新事物的勇气；怡然处世为人，树立良好的人际关系。

人生苦短，不要和自己过不去，给自己一点时间去休息，才可谓是享受人生。累了，当然要歇一会儿，但愿所有人都学会善待自己，为自己留下歇息的足迹！

心灵悄悄话

生活的价值可以最高，但也可以是一无是处，你怎样对待生活，生活就会怎样回馈你，只有让内心的自我永不消失，做自己的上帝，而不是听从命运的主宰，快乐才会永远伴随你。

没事别给自己找病

只要我们能够保持心态的平和，尽量享受生活中的每一天，不要没事给自己找病，那么生活就会更快乐、更美好。

有一天，弗兰克觉得自己好像生病了，就去图书馆借了一本医学手册，看怎样才能治好自己的病。他一口气读了很多内容，还是不满足，又继续读了下去。

当他读完介绍霍乱病的内容时，方才明白，自己患霍乱已经很长时间了。他被吓住了，呆痴痴地坐了好几分钟。

后来，弗兰克想知道自己还有什么病，就一次读完了整本医学手册。这下他惊呆了，他断定除了膝盖积水症外，自己身上什么病都有。

他紧张极了，开始坐立不安，在屋子里来回踱步。弗兰克心想："医学院的学生们用不着去医院实习了，我一个人就是各种病例都齐备的医院，他们只要对我进行诊断治疗，就可以得到大学毕业证书了。"

于是，弗兰克迫不及待地想弄清楚自己到底还能活多久。他就搞了一次自我诊断：先动手找脉搏。一开始他怀疑自己连脉搏都没有了。

后来才忽然发现，一分钟跳140次。紧接着，他又去找自己的心脏，但不管怎样也找不到，他感到万分恐惧。

弗兰克不知道自己是怎样走到医生家的。一进医生家门，他就

说："医生，我不给你讲我有哪些病，只是告诉你我没有什么病，我的命不会长了。我只是没有患膝盖积水症。"

医生给他做了诊断，坐在桌边，在纸上写了些什么就递给他了。弗兰克不敢看处方，就塞进口袋，立刻去取药。赶到药房，他把处方给药剂师。药剂师看了一眼，笑着退给他说："这里不是饭店，是药店。"

弗兰克非常惊奇地望了药剂师一眼，拿回处方一看，自己也忍不住笑了，原来上面写的是：

"啤酒一瓶，煎牛排一份，6 小时一次。

10 英里路程，每天早晨一次。"

生活中，我们不难发现像弗兰克那样疑神疑鬼，老是担心自己得了什么病的人。其实只要我们保持心态的平和，尽量享受生活中的每一天，不要没事给自己找病，那么生活就会更快乐、更美好。下面还有一个没病找病的故事。

亚瑟是一位年轻的电脑销售经理。他有一个温暖的家和一份高薪的工作，在他的面前是一条充满阳光的大道，但是他的情绪却十分消沉。他总认为自己身体的某个部位有病，很快要死了，甚至为自己选购了一块墓地，为他的葬礼也做好了准备。其实，他只是感到呼吸有些急促，心跳有些快，喉咙梗塞。医生劝他在家休息，暂时不要做销售工作。

亚瑟在家里休息了一段时间，但是由于万分恐惧，他的心理仍不能安宁。他的呼吸变得更加急促，心跳得更快，喉咙仍然梗塞。这时他的医生叫他到海边去度假。

海边虽然有清新的空气、怡人的风景，但仍阻止不了亚瑟的恐惧感。几天后他回到家里，他觉得死神很快就要降临。

亚瑟的妻子看到他的样子，将他送到了一所著名的医院进行全面

的检查。医生告诉他：“你的症结是吸进了过多的氧气。”亚瑟立即笑起来说：“那么，我怎样对付这种情况呢？”医生说：“当你感觉到心跳加快、呼吸困难时，你可以向一个纸袋呼气，或暂且屏住气。”医生递给他一个纸袋，他就遵医嘱行事。结果他的心跳和呼吸变得正常了，喉咙也不再梗塞了。他离开这个诊所时是一个非常健康愉快的人。

后来，每当他的病症发生时，他就屏住呼吸一会，使身体正常发挥功能。几个月后，他不再恐惧，症状也随之消失，而且再也没有找医生看过病。

在日常生活中，许多人感到身体支持不住，往往症结在于心理上。保持愉快的情绪对身体的健康是非常有帮助的。“不怕才有希望”，对付困难是这样，对付疾病也是这样。

现代医学证明，一个人如果常在苦闷、忧虑、压抑的心情下紧张工作，或常处于紧张的生活中，会降低机体的抵抗力，引起多种疾病，加快人体衰老进程。因此，我们要驱走这种心理疾病，以下几点需要注意：

1. 陶冶情操，培养乐趣。积极参加画展、舞会、棋赛等文化娱乐活动。选择花鸟鱼虫、琴棋书画中的一至两项长期从事，有利于寄托精神、培养情趣。

2. 生活规律，劳逸结合。根据自己的生活特点，安排自己的衣、食、住、行。坚持适合自己的体育运动，防止减少身体疾病的发生。

3. 热爱生活，进取不止。正确评价自己，适应生活带来的各种变化，发挥个人所长，造福于社会，并从中享受创造的乐趣。

4. 开朗乐观，心胸豁达。不斤斤计较，不好高骛远，不怨天尤人，不喜怒无常。做到以上“四不”，才能知足而乐，烦恼自消，情绪稳定，身体健康。

5. 家庭和睦，社交适度。妥善处理父母、子女、婆媳、翁婿、夫

妻、亲戚朋友及邻里间的关系。热爱社会、接触社会，适当结交朋友。

最后，你要记住这样的一句话：不要没事自己给自己找病，要学会给自己营造一个好心情吧！

心灵悄悄话

你的一切痛苦和烦恼都是由于欲求太高，背负的东西越多，便会觉得越累。如果你不患得患失，舍得放弃，那么，放下就是快乐。

学会不生气

气是由别人吐出来而你却接到口中的那种东西，你吞下便会反胃，你不看它时，它便会消散。

清朝光绪年间，东阁大学士阎敬铭曾写了一首《不气歌》：

> 他人气我我不气，我本无心他来气。
> 倘若生气中他计，气下病来无人替。
> 请来医生将病治，反说气病治非易。
> 气之为害太可惧，诚恐因气把命废。
> 我今尝过气中味，不气不气真不气。

这首诗以幽默、诙谐的语言，奉劝人们遇到别人的打击、伤害或不如意、不公平的事情时，尽量想开一点，少生闷气，以免气大伤身。想想确实有其道理。"人生一世，草木一春"，短短的几十年，何不让自己活得潇洒一点、快活一点，何必整天为一些鸡毛蒜皮的小事生闲气呢？如果遇到误解或中伤的事情，装装糊涂，气量大一点，他人气我我不气，一场是非之争就会在不知不觉中消失，你也落得潇洒，而等到终于水落石出，别人还会更加敬重你这个人，何乐而不为？

人的一生，要遇到许许多多不公平的事，如果面对每件事都烦恼、生气、痛苦，那么，还有什么快乐而言呢？有位哲人说过："生气，就是用别人的过错惩罚自己。"不生气，正是我们面对这些不公、

不平的事所应有的态度，只有如此，生活才会幸福、祥和。

春秋时期，齐国去攻打宋国，燕王为表示联盟之意派张魁作为使臣率领燕国士兵去帮助齐国。齐王却杀死了张魁。燕王听到这个消息后，非常气愤，连忙招来手下文武官员说："我要立即派军队去攻打齐国，给张魁报仇。"

大臣凡繇听说后拜见燕王，劝谏说："从前以为您是贤德的君主，所以我愿意追随你的左右。现在看来是我错了，所以我希望您允许我弃官归隐，不再做您的臣子。"燕王迷惑不解地问道："这是为什么呢？"凡繇回答："松下之乱，我们的先君被俘，您对此感到非常痛苦，但却仍能侍奉齐国，是因为力量不足啊！如今，张魁被杀死，您却要去攻打齐国，这不是把张魁看得比先君还重吗？"接着，凡繇建议燕王停止发兵。燕王说："那我该怎么办呢？"凡繇说："请大王穿上丧服离开宫室，住到郊外，派遣使臣到齐国，以客人的身份去请罪，说：'这都是我的罪过。大王您是贤德君主，哪能全部杀死诸侯的使臣呢？只有我们燕国的使臣被杀死，这是我国选人不慎啊，希望能够让我的使臣表示请罪。'"

燕王听了凡繇的建议，又派了一个使臣出使齐国。

使臣到达齐国，正逢齐王在举行盛大的宴会，参加宴会的近臣、官员、侍从很多，齐王就让燕国使臣进行禀告，使臣说："燕王非常恐惧，因而特派我来请罪。"使臣说完，齐王甚为得意，又让他复述一遍，借以向近臣、官员、侍从炫耀。

而后，齐王让燕王搬回宫室居住，表示宽恕燕王。燕王委曲求全，为攻打齐国创造了时机和条件，接着又在郭槐等一大批贤才的尽力辅佐下不断积蓄实力，壮大军威，终于在随后的济水之战中打败齐国，雪洗前耻。

如果当时燕王非要逞一时之勇，在没有做好充分准备的情况下就

去攻打齐国，很可能早就成了刀下冤魂了。

现实生活中，让人生气、令人发怒的事也许会随时发生，而作为一个有头脑、理智的人，为了安宁地、更好地工作和生活，理智地处理各种不愉快，就需要忍气制怒，如果不忍，任意地放纵自己的感情，首先伤害的是自己。如果对方是你的对手或者是仇人，有意气你、激你，你不忍气制怒保持头脑清醒，就容易被人牵着鼻子走，中了人家的计，落得个死比鸿毛还轻的下场。因此孔子云："一朝之忿，忘其身以及其亲，非惑欤？"言下之意即因一时气愤不过，就胡作非为起来，显然，这样做是非常愚蠢的。

英国哲学家培根曾说过："一件争执或侵害的行为，不过是犯法而已。而对这种行为的报复，根本是侵夺了法律的威权与尊严。从另一方面来说，假如一个人实施了报复的手段，他便和他的敌人同样坏。"

事实上，争执只是浪费时间，生气只会自讨苦吃。假如你想快快乐乐地生活，必须从面对问题和解决问题中取得平衡点，不要动不动就发怒或生气。

既然生气有损健康而且容易引发悲剧，我们就应该学会控制自己，尽量做到不生气。碰上了让自己生气的事，你可以试着用以下方法防止自己生气：

1.学会说"没关系"。设想以前发怒的事，生气的确是在做一件傻事。

2.当不生气的时候，同那些经常受你气的人谈谈心，互相指出容易引起动怒的言行。

3.试一试推迟动怒的时间，每一次都要比上一次多推迟几秒，久而久之，可自我控制。

4.提醒自己"生活愉快胜过金钱富有"，发怒是非常不划算的。

5.学会自己给自己"消气"。如果遇上了特别令人气愤的事，也要"戒"字当先，戒除恼怒。

6. 当你发怒时，提醒自己，每个人都有根据自己的选择来行事的权利。

7. 让信赖的人帮助你，让他们看见你动怒时，随时随地提醒你。

8. 要懂得自爱，时刻提醒自己，即使别人做的事情如何不好，发怒首先伤害的是自己的身体。

9. 待人宽厚、遇事冷静而且能适当克制自己的情绪，这不仅能够阻止自己生气，其实也体现着一个人的内在修养。

夕阳如金，皎月如银，人生的幸福快乐尚且享受不尽，哪里还有时间去生气呢？面对生活，你或许有点疲惫不堪，但我们还是要善于调理和控制自己的情绪，把生气这种不良情绪消灭在萌芽状态中！

心灵悄悄话

心理上的狭隘和观察生活态度的偏颇，是大多数人不够快乐的原因之一，如果你能够以大慧眼来看，拿创意的耳朵去听，用弹性的心境去面对，你就会享受到生活的另一番乐趣。

换个角度看世界，路会越走越宽

换个角度看世界，不但能使你找到峰回路转的契机，也能使你找到人生的快乐。

在日常生活中，我们经常一面抱怨人生的路越走越窄，看不到成功的希望；而同时又不思改变、因循守旧，习惯在老路上继续走下去。

美国康奈尔大学威克教授做过这样一个实验：拿一只敞口玻璃瓶，瓶底朝光亮一方，放进一只蜜蜂，蜜蜂在瓶中反复朝有光亮的方向飞，它左冲右突，努力了好多次，都没有飞出瓶子，可它就是不肯改变突围的方向，仍旧按原来的方向去冲撞着瓶壁。最后，它耗尽了气力，气息奄奄了。

紧接着，教授又放进了一只苍蝇，苍蝇也朝有光亮的方向飞，突围失败后，又朝各种不同的方向尝试，最后终于从瓶口飞走了。

这个实验充分说明了：成功在于肯努力尝试。世界上没有不经历失败、不犯错误的人，重要的是一条路走不通的时候，要赶紧转过身去寻找另一条出路。有时候在困境面前，改变一下思路，一切都柳暗花明、峰回路转了。

有时我们的确无法改变生活中的一些东西，但是我们可以改变自己的思路，有时只要我们放弃了盲目的执着，选择了理智的改变，就可以化腐朽为神奇了。我们在碰壁的时候，不妨换个角度看看，也许

会从另一方面看到成功在向我们招手。

忙碌的一生，每天消磨着我们的生命，也在消磨着我们的希望。很多时候，我们苦了、痛了、倦了、累了，于是把心涂成一座黑色的城堡，走不出去，在心的城堡里时间久了，外面的天空也会变得黑暗了。

打开所有的心结，不要背负着城堡一直走下去，你就能呼吸到更新鲜的空气；卸下心灵的枷锁，你就可以像小鸟一样自由快乐地飞翔。换一个角度看待生活，你就可以消磨岁月，你的人生将会以另一种姿态呈现。换一个角度看待生活，你会发现天其实很高，水其实也是很蓝的，生活是如此的美好。

在很久以前有个叫庄周的人，有一天黄昏，他一个人来到城外的草地上，很久没有这样放松了，他一直被迫在痛苦中生活，因为没有人能够理解他。他想强迫自己摒除杂念，只有那样他才能不去想别的事情。

庄周仰天躺在草地上，闻着青草和泥土的芳香，尽情地享受着，不知不觉睡着了。他做了个梦，在梦中，他变成了一只蝴蝶，身上色彩斑斓，在花丛中快乐地飞舞。上有蓝天白云，下有金色土地，还有和煦的春风吹拂着柳絮，花儿争奇斗艳，湖水荡漾着阵阵涟漪——他沉浸在这美妙的梦境中，完全忘了自己。

突然间，庄周醒了过来，完全不能区分现实和梦境。不知是庄周做梦变成蝴蝶呢，还是蝴蝶做梦变成庄周。当他意识到这只是一个梦的时候，他说："庄周还是庄周，蝴蝶还是蝴蝶。"

过了很长时间，庄周终于幡然省悟：原来那舞动着绚丽的翅膀、翩翩起舞的蝶儿就是他自己。然而现在他还是原来的庄周，只不过现在的心态和原来不一样了。就是享受那片刻的梦境，对他来说也是一种莫大的幸福。

其实，人生处处有快乐，只要我们换一种心态，哪怕从一件小事中也能找到快乐。换一种心态，换一种思维，快乐地尝试不同的方法和途径，往往就会豁然开朗，呈现在我们面前的，也将会是柳暗花明的一片新天地。

生活中，我们遭遇了太多的苦难，常常缘起一些小小的问题，因为放不开，所以在心里打下了结，结多了，自己也被套在其中，纠缠不清。其实，一旦想通了，结也就解开了。关键在于我们以怎样的心态去面对。

有一次，美国总统罗斯福的家被人偷去了很多东西。朋友闻讯后，写信安慰他，劝他不必太在意。罗斯福回信说："亲爱的朋友，谢谢你来信安慰我，我现在非常平安。感谢上帝：因为第一，贼只偷去我部分东西，而不是全部；第二，贼偷去的是我的东西，而没有伤害我的生命；第三，最值得庆幸的是，做贼的是他，而不是我。"对失盗这样一件不幸的事，罗斯福却找出了三条理由，倒像是因祸得福呢！简单的几句话，给我们诠释了一个真理：换个角度看世界，世界会很美丽；换个角度看世界，我们会很快乐；换个角度看世界，我们会活得更加幸福……

上帝给每个国家、每个地区、每个人的东西，确实都不是太多，但它却是酵母。只要我们用心体会，就会惊喜地发现，上帝的馈赠是非常丰厚的。比方说，沉思中的牛顿因那只砸到他的苹果，奠定了自己在物理学上不可撼动的地位；潦倒的迪士尼利用那只饥饿的老鼠，创造了一个价值连城的动画帝国；聪明的江南人利用西湖把杭州做成了天堂……无数事实证明，换个角度看世界，就会创造出更丰厚的成果。

你虽不能更换容貌，但你可以展现笑容；你虽不能永远生活在春天里，但你可以体会到四季不同的色彩；你虽不能拒绝花落花谢，但

自谦

你可以期待来年的叶绿花红；你虽不能规划生活的长短，但可以控制它的质量；你虽不能让昔日重来，但你可以迎接未来；你虽不能控制别人的心态，但你可以培养自己的内涵；你虽不能预知明天，但你可以利用今天；你虽不能事事顺利，但你可以事事尽心；你虽不能左右天气的晴朗，但你可以改变自己的心情；你虽不能实现所有的梦想，但你可以拥有追求梦想的权利。

在我们的生活里，黏土能变成堡垒；树木能变成殿堂；桑叶能变成丝绸；生铁可以变成飞机、轮船，如果黏土、树木、桑叶、钢铁经过人的创造，它们可以成百上千倍地提高自身的价值，那么，你为什么不能使自己身价百倍呢？

生活中不可能没有挫折和失败，对待挫折和失败，不同的人有不同的态度。有的人一遇到挫折和失败，就会失去信心而被击退；而有的人能从失败中获得经验，吸取教训，并化为一种前进的动力。这就是两种不同态度的人的差异。

其实，命运在向你关闭一扇窗的同时，又为你打开了另一扇门！任何事情都是多面的，我们看到的只是其中的一个侧面。这个侧面让人痛苦，但痛苦往往可以转化，任何不幸、失败都有可能转向于你有利的一面。换个角度看事情，就能换一种方式生活。一个乐观的人，在生活中能够笑看输赢得失，不只看最终胜负。他们不抱怨现状，他们深信未来，能够利用自己的优势发挥自己的潜能，一步步走向成功。

心灵悄悄话

生活就是端在你手里的那只碗，幸福就是一碗水那么简单。如果你想拥有幸福快乐的生活，就要以积极的心态去看待精神与物质的双重需求，两者缺一不可。

给心灵放个假

累了吗？烦了吗？不要再和自己过不去了！给心灵一段假期，放松自己于山水中。让山水中的灵性，涤尽自己工作上、情绪上、思想上的烦累！

有一个富翁在一个沿海小渔村遇到了刚刚靠岸的一艘小渔船，船上只有一个渔夫，船舱里载着几条很大的金枪鱼。富翁夸奖渔夫捕的鱼好，并且问他捕这些鱼需要多长时间。

渔夫回答："要不了多少时间。"

富翁接着问："那为什么不多干一会儿捕更多的鱼呢？"

渔夫说："这些鱼已经足够一家人吃的了。"

富翁又问："那你剩下的时间都做些什么呢？"

"我会睡个好觉，陪我的孩子们玩耍，陪陪我的妻子。每天晚上我都会到村子里去，和朋友们吃饭、打牌、弹吉他，我的生活很充实。"渔夫显然对他的生活非常满足。

富翁说："我是哈佛大学工商管理硕士，也许我可以帮你，你应该花更多的时间捕鱼，挣钱买一艘更大的渔船。用这艘船挣来的钱再买更多的渔船，这样你就拥有一支船队了。你不用再把自己打来的鱼卖给中间商，而是直接卖给加工商，或者自己做批发、零售。你可以离开这个小村子，到墨西哥城，然后到洛杉矶、到纽约，让公司的业务发展壮大。"

渔夫问："这需要花费多长时间呢？"

富翁回答：“大约15到20年吧！”

“然后怎么样呢？”

富翁笑了笑：“到时候你就可以申请上市，向公众出售公司的股份，你会成为富翁，拥有数百万资产。”

“数百万……然后怎么样呢？”

富翁说：“然后你就可以退休了。你搬到海边的一个小镇上，可以一觉睡到下午，钓钓鱼，陪孩子们玩玩，陪妻子，每晚陪朋友们吃饭，弹弹吉他。”

渔夫回答说：“难道这些不是我已经在做的事吗？”

富翁无言以对。

这位“不求上进”“自我满足”的渔夫，按照中国人一贯自强不息、不落人后的传统精神理念，简直可以作为反面教材供人训诫子弟了。有史实可以证明这一点，孔子看见学生宰予白天睡觉，便不爽地说道：“朽木不可雕也，粪土之墙不可圬也。”

实际上，不快乐的人最普遍的原因是因为他们总是喜欢照着计划生活，他们不是在享受人生，而是在等待将来发生的事情。生活就像是一连串的问题，如果要快乐，就要给心情放个假，没有压力的快乐，才是真正的快乐。

在纷繁复杂的生活夹缝中，我们也不能和自己过不去，而且我们没有必要让心里那根弦总是紧紧地绷着，不知道明天会怎么样，只知道今天好累。心累，身体也累。给心灵放个假，你就会有好心情，还会有好日子。我们应当适时给自己留一点时间，多一份属于自己的温情、自己的隐秘。

但是，很多人认为：我又不是领导，也不是最优秀的员工；自己并非单位里最出色的，大家都还在工作，自己去休假，心里总觉得不踏实。担心领导有看法，担心同事表现比自己好，担心错过一些机会。总之，很多人不愿意一个人游离在集体之外的假期，因此，多数人更青睐"你休我休大家休"的集体假期。

其实，放松自己并非只有等到假期才有可能，无论任何时候，任何地点，永葆无压力状态，使自己彻底地放松，在心里给自己放假也是非常有必要的。

心灵是一潭清澈的水，但是需要驿站来装饰，才能绣成美丽的风景。生活的每一天，我们不要把自己折腾得太累，让美好的思绪乱成一团麻，应该给自己放个假，为自己寻找到一处供心灵休憩的驿站。

保持生活平衡，才能使我们的身体经久耐用，健康长寿，充满高效率的活力，以最佳的精神和体力承受成功所必须面临的劳作和压力。

心灵悄悄话

做人，没必要和自己过不去。看开点儿，随缘一点儿才能活得潇洒，才能得到内心的快乐。

第一篇 放飞自己的心情

41

卸掉烦恼的包袱

每个人都曾有过烦恼或正在烦恼的时候，其实，这些烦恼都是自找的。一个浮躁的人往往乐于自寻烦恼。你可以寻找甜蜜的爱情，你可以寻找美好的生活，但千万不要自寻烦恼。

英国历史上有一位首相叫劳合·乔治，有一天他和朋友一起散步，每走过一道门，他都小心翼翼地把它关好。朋友问道："你为什么要关这些门呢？没有什么必要嘛！"劳合·乔治回答："我这一生都在关闭我身后的门。当我关门时，过去的事也被关在后面了。然后重新开始，向前迈进。"

实际上，烦恼也是一样，只要我们把它挡在时间的大门之外，那么它就永远不会进入我们的心灵来骚扰我们了。不管是多么糟糕的事情，一天之后，便会成为过去。

土著人在宗教礼拜中，通常用各种残酷的方法，残害自己的身体，而且还以此作为虔诚的标志。对于这些土著人，我们难道不觉得既可怜又可笑吗？但是，在嘲笑他们的同时，我们发觉我们自己也并不高明。我们不也是常常用种种精神的刑具来折磨自己，常常怀着各种无谓的杞人忧天和不祥的预感，在我们的一生中自寻烦恼吗？

人们的烦恼百分之五十是日常生活中的小事，百分之二十是杞人忧天，百分之十二，实际上并不存在，剩下的百分之十八，则是既成的事，再怎么担心烦恼也没用。假如你每天呐喊二十遍"我用不着为这点小事而烦恼"，你将会发现心里有一种不可思议的力量。不妨试试看，很管用的。

歌唱家詹姆士应邀来到法国里昂，去参加一个演唱会。他提前一天赶到里昂，晚上就在歌剧院附近的一个小旅馆里住了下来。

由于旅途的劳累，詹姆士感到非常疲倦。但为了不影响第二天的演出，他很早就入睡了。过了不久，就被隔壁房间传来的婴儿啼哭声吵醒了。原以为孩子哭几声也就停止了，但万万没有想到，那个孩子竟大哭不止。

詹姆士用被子蒙住头，可那啼哭声仿佛是具有魔法的歌声，颇具穿透力，仍不停地在他耳畔萦绕，这让詹姆士非常苦恼。折腾了将近半个多小时后，他只好披着被子在地上踱步，心中一次次祈祷着孩子的哭声赶紧停止。

但是那个孩子好像根本没有要停止的意思，而且每一声都同第一声一样洪亮，在无奈之下，詹姆士索性把孩子的哭声当成是歌声来听，不知不觉地他竟佩服起那个孩子来：我唱歌到一个小时后嗓子都要沙哑了，但这个孩子的声音为什么会依然嘹亮？难道小孩子有什么了不起的方法吗？

如此一想，詹姆士立刻变得兴奋起来，急忙回到床上，将耳朵贴在墙上，细心地倾听起来。他发现小孩的哭声竟然很有学问：孩子哭到声音快破的临界点时，会把声音拉回来，这样声音就不会破裂，这是由于孩子哭的时候是用丹田发音而不是用喉咙。又听了一会儿，詹姆士也开始学着用丹田发音，试着唱到最高点，永远保持第一声那样洪亮。

詹姆士练了一个晚上。第二天的演唱会上，他以饱满的声音征服了观众，后来成了伟大的歌唱家。

实际上，生活中的许多烦恼，并没有我们想象得那么可怕，如果

我们能够耐心地去化解，烦恼也会成为成长的动力和营养。坦然面对现实，对任何既成事实的过失或者灾祸，不必烦恼，也不必因此而不停地责备自己或他人，而应把思想和精力都放在努力弥补过失，减少损失方面。否则不仅于事无补，而且会增加烦恼，扩大事端。

　　旁观者清，当局者迷，就烦恼之事而言，也是如此。置身于烦恼之中的人，通常喜欢钻"牛角尖"，千丝万缕难找头绪，甚至无法控制自己，此时，置于局外旁观者的劝导，通常可以起到指点迷津、淡化烦恼的作用。如果你正处于烦恼之中，不妨做一下自己的旁观者。烦恼就像天空上的一片乌云，假如你的心中是一片晴空，那么烦恼就不会对你产生任何影响。

　　所以，我们应该积极梳理如麻的心境，从内心快乐起来，用聪明和智慧对抗烦恼，这种方法虽不是万能的，但非常有效。很多人陷在烦恼的泥潭里不能自拔，而懂得排遣烦恼的智者则能泰然处之。以下是化解烦恼的方法：

　　1. 宽以待人。人是在矛盾中生存的，化解烦恼的最佳选择是在生活中注意消除容易引起烦恼的各种矛盾。在人际交往中遇到可能让自己烦恼的事情时，我们不妨"暂停"一下，这样不仅可以使对方有所清醒，而且可以有效地避免烦恼。

　　2. 任其自然，保持沉默。王安石有这样的一首诗："春日春风有时好，春日春风有时恶。不得春风花不开，花开又被风吹落。"生活中的人和事就像是诗中的"春风"一样，让你欢喜让你忧，任其自然也不失为一种明智的做法。

　　3. 自言自语。在烦恼多的时候宣泄一下是非常必要的，但是，我们不能把别人当作出气筒，这时候选择自言自语不失为一种明智之举。

　　4. 保持童心。童心纯洁，可以安抚破碎的心灵，童心灿烂，可以映照出生活的美丽。

　　5. 容人之过。有的人虽然懂得人无完人的道理，但仍不由自主地以完人自居。我们应该能够容忍他人的过错，同时应该清醒地认识到自己也有做错事的时候。

人生苦短，不要再让琐碎的烦恼浪费我们宝贵的时光了，不要再让小事绊住我们前进的脚步了。我们要让人生中的每个日子都过得充实而有意义。那么你有两种选择——快乐的人生和痛苦的人生，如果你选择前者，那么就不要再和自己过不去，而为生活中的小事烦恼了！

心灵悄悄话

谦虚有很多种，真正的谦虚，不是谁都有资格享有它的。胸无大志的人，即使极诚恳地说："我这人没什么志向"，这不叫谦虚，只能叫坦率，这种坦率有时让人觉着是在叹息。

第一篇 放飞自己的心情

甩掉虚荣，你的生活会更美丽

虚荣是心灵的毒药。虚荣的人外强中干，不敢袒露自己的心扉，给自己带来沉重的心理负担，虚荣在现实生活中只能满足一时，长期的虚荣会导致非健康情感因素的滋生。

如今，社会上流行住房讲宽敞，吃喝讲排场，玩乐讲高档。在生活方式上落伍的人为免遭受人讥讽，便盲目任意设计，不顾自己的客观实际，弄得负债累累，劳民伤财。所以我们不难看出虚荣心理所带来的恶化和扩展。虚荣心强的人，在思想上会不自觉地渗入虚伪、自私、欺诈等因素，这和光明磊落、谦虚谨慎、不图虚名等美德是格格不入的。虚荣的人为了表扬才去做好事，他们对成功和表扬沾沾自喜，甚至于不惜弄虚作假。而对于自己的不足却想方设法遮掩，不善于也不喜欢取长补短。

《伊索寓言》中关于讽刺人的虚荣心有这样一个故事。

有一天，乌鸦找到了一块肉，飞到树上，准备慢慢地享用。这时，正赶上一只狐狸从树下经过，抬头看见乌鸦嘴里衔着肉，眼珠儿一转，心想：我一定要想办法把肉弄到手。狐狸笑眯眯地对乌鸦说："啊！美丽的乌鸦，你的羽毛多么漂亮！身材多么好看！眼睛多么灵活！你的嗓子一定非常甜美，现在给我唱支好听的歌，好吗？"乌鸦听了狐狸恭维的话，心里美滋滋的，她想，唱歌有什么难的！于是张开嘴，"哇"地叫了一声，哪知嘴一张，肉就掉了下去，狐狸一口把肉接住了，说："谢谢你！乌鸦，你的歌声真好听！"

其实，虚荣心非常强的人，他们的心灵是非常痛苦的，是没有幸福可言的。为了追求面子，打肿脸充胖子，内心是非常空虚的。内心的虚荣与表面的虚荣总是相互斗争的。所以有虚荣心的人，至少受到来自两个方面的心灵折磨，一方面，他们没有达到目的之前，为自己的不尽如人意的现状所折磨；另一方面，这种人在达到目的之后，因唯恐自己的真相露馅而备受折磨。

有虚荣心的人为了夸大自己的实际能力，通常采取夸张、欺骗、攀比、隐匿、嫉妒甚至犯罪等手段来满足自己的虚荣心，其危害于人于己于社会都很大，所以我们必须克服虚荣心。现在，教你几种克服虚荣心的方法：

1. 人应该追求内心的真实的美，不求虚名。一个人追求真善美就不会通过不正当的手段来炫耀自己，就不会徒有虚名。

2. 正确地对待舆论，正确看待他人的优越条件，不要影响自己的进步，而应该作为自己前进的动力。

3. 正确认识自己的优点和缺点，分清虚荣心和自尊心的界限。

4. 正直诚实是做人最起码的要求，我们绝不能为了一时的心理满足而丧失人格，只有做到自尊自重，才不至于在外界的干扰下失去人格。我们要珍惜自己的人格，崇尚高尚的人格，这样就可以使虚荣心没有抬头的机会。

心灵悄悄话

谦虚需要一种底气来支撑。聪慧是智者的底气。智者的智慧在于能从聪慧中看到局限和缺欠，他的和气中透出低调，和颜中多有雅量。

看淡得与失

有时很多表面上看来是收获的事物，最后却可以导致巨大的损失；同样，很多表面上看来是损失的事物，最后却能收获更大的利益。真正懂得取舍的人，不会被假象迷惑，他会利用舍弃换回更大更长远的利益。

从前，在长城外面的地方，住着一个老头，他有个酷爱骑马的儿子。一天，他家的一匹马逃到了塞外的大草原上。这时，乡亲们都替他惋惜，怕他受不了，都过来好言相劝："你丢失一匹骏马，这真是个大损失。但你千万要想开点，保重身体要紧。"这时，老头却非常平静地说："不要紧的，丢失好马虽然是一大损失，但说不定这会成为一件好事呢。"

真是"老马识途"，没过几天，那匹马奇迹般地跑回来了，并且还带来一匹北方少数民族的良马。众乡亲闻讯，纷纷前来道喜。这时，老头又意味深长地说："谁知道这不会变成一件坏事呢？"家里又多了一匹良马，老头的儿子高兴极了，天天骑马出去玩。有一天，他骑得太快，不小心从马背上掉下来，把大腿骨摔断了。这时左邻右舍又来探望他、安慰他。这时站在一旁的老头不紧不慢地说："谁知道这不会成为一件好事呢？"众人听了都不明白这句话是什么意思。

一年后，北方的部落大举入侵塞内，青年男子都被抓去当兵，这些被抓的人十个有九个死于战场。而这个老头的儿子却因为跛脚未上前线，保全了一条性命。

这就是"塞翁失马"的故事，它反映了古代劳动人民朴素的辩证思想，告诉我们祸与福可以在一定条件下互相转化。

"祸"常常与"安知非福"连在一起，告诉人们对任何事情要能够想得开、看得透。要以顺其自然的平静心态把握得和失，不抱怨，不叹息，不堕落，胜不骄败不馁。

第二次世界大战的硝烟刚刚散尽，以中、苏、美、英、法等为首的战胜国几经磋商，决定在美国纽约成立一个协调处理国际事务的联合国。一切准备就绪之后，人们才发现，这个世界性组织竟没有自己的立足之地。

让世界各国筹资吧，牌子刚刚挂起，就要向世界各国搞经济摊派，负面影响太大；买一块地皮吧，刚刚成立的联合国机构还身无分文。况且刚刚经历了战争的浩劫，各国都国库空虚，甚至许多国家都是财政赤字居高不下，在寸土寸金的纽约筹资买下一块地皮，这是一件非常难办的事情。联合国对此一筹莫展。

听到这个消息后，美国著名的家族财团洛克菲勒家族经商议，果断出资870万美元，在纽约买下一块地皮，将这块地皮无条件地赠予了这个刚刚挂牌的国际性组织——联合国。同时，洛克菲勒家族也将毗连这块地皮的大面积地皮全部买下。

对洛克菲勒家族的这一出人意料之举，当时有许多美国大财团都感到非常吃惊。870万美元，对于战后经济萎靡的美国和全世界来说，都是一笔不小的数目。可洛克菲勒家族却将它拱手赠出了，而且什么条件也没有。这条消息传出后，美国许多财团和地产商纷纷嘲笑说："这简直是蠢人之举！"而且纷纷断言："这样经营不到10年，著名的洛克菲勒家族财团，便会沦落为著名的洛克菲勒家族贫民集团！"

然而，出人意料的是，联合国大楼刚刚建成，它四周的地价便飙升起来，相当于捐赠款数十倍、近百倍的巨额财富源源不尽地涌进了洛克菲勒家族财团的腰包。这种结局，令那些曾经嘲笑过洛克菲勒家族捐赠之举的财团和地产商目瞪口呆。

从以上例子可以看出，得与失本就是一对孪生姐妹，如影随形。失去 870 万美元，却让相当于捐赠款数十倍、近百倍的巨额财富源源不尽地涌进了洛克菲勒家族财团。洛克菲勒家族财团的这一举措既支持了联合国，又赚来了巨额财富，可谓一举两得。

"失"对每个人来说，都是一个非常痛苦的过程，因为要做出牺牲，还因为"失"意味着永远不再拥有，然而，把握住"得"与"失"的艺术与分寸对人们来说却是至关重要的。如果不想"失"，想拥有一切，那么你将一无所有，这是生命的无奈之处。

生活给予我们每个人的都是一座丰富的宝库，但你必须懂得正确把握住"得"与"失"的分寸和艺术，选择适合你自己应该拥有的，否则，生命将难以承受！

心灵悄悄话

一个决定可以改变一个人的命运，这个决定是对是错，恐怕要用一生做赌注。实际上，有未必真得，无未必真失，有无随缘，得失在心，人生的遭遇不可用"得失"二字定论。

第二篇 >>>
身正心诚问心无愧

　　诚实是人的最高品德，诚实的人不会只考虑一己之私，而能推诚及人；诚实的人，对人不虚伪，言行一致；诚实的人，不会做违心害人之事。诚实的人，往往得人信任，因而得到人们的敬爱和帮助。诚实做人是真理。

　　一个人没有半点虚假隐瞒的东西，说话诚实，做事诚实，内心真诚，就会令人信服。故真诚可以消除隔阂，化解矛盾，促进人际关系的和谐团结。古人有"精诚所至，金石为开"的格言。这是说精诚的力量可以贯穿金石，何况人心呢。

从容无悔，真诚相待

　　无论是与人相约、缴纳信用卡签账款项等诸多日常生活琐事，还是恋爱、工作、婚姻等人生中总会面临的种种选择，若我们都能勇于诚实面对自己生活与生命中的真实情况，必能使自己在每一个当下，都活得从容、活得愉悦！

　　1897 年的冬天，法国小说家左拉的家中，走进了两位访客。看着这两位意外的访客，左拉心中感到极为惊异！因为，来访者，正是与 3 年前轰动一时、也是他一直苦思不解的间谍案"多里费事件"的主角——多里费上尉的亲哥哥，以及多里费上尉的妻子！

　　"左拉先生，从您的作品里，我看得出您是位有勇气揭发社会丑陋事实的正人君子！所以，今天，我特地来恳求您，请您帮忙救我弟弟！他绝不是做出'出卖法国炮兵队机密给德国大使馆'这种事的人！他真的是无辜的！"多里费上尉的哥哥一次次对左拉这么说。

　　而打从走进左拉家中即泪流不止的多里费夫人，此时，也拿出一封她的丈夫由牢里寄来的信，递给左拉。先前就总觉媒体对此事的报道极度欠缺真实性的左拉，将这封信反反复复地，细细读了 3 次。他的直觉告诉他：没错！这封信写的，全是实情！多里费上尉是清白的！

　　"倘使我得知'多里费上尉确实无罪，却被流放至恶魔岛'，但我却对此无动于衷，甚而置之不理，那么，我怎配做一个以'追求真理'为职志的文学家呢？"左拉自问。

于是，左拉在将手中的信件退还多里费夫人的同时，以坚决的语气对两位访客说："我答应你们！我一定会竭尽全力救出多里费上尉！"不久，左拉便在报上发表一封公开信，大胆地向社会大众表示："多里费的罪名，其实是被某些军人凭空捏造的"！

这封公开信，立即引起一片哗然。后来，法国陆军更以"侮辱"的罪名控告左拉！审判当天，只见左拉沉静地立在被告席上，以清晰、平稳、庄严的语调，对陪审团说："我绝对没有被谁收买，也并非蓄意与军队对抗，我只是为了正义、真理而战！我以我的生命、名誉，以及我40年来所写的作品，向全法国与全世界的人们起誓：多里费是无辜的！虽然现下，议会、政府、所有的民众与媒体，全都反对我的看法，而我也可能在此被判有罪，但是，我仍愿与正义及真理为友，为消弭邪恶而战！"

当时，左拉虽仍被不为所动的陪审团定罪，但在读到书中描述左拉说这段话的神情时，很多人都受到了感动。

而且，6年后，事实证明：左拉是对的！

若非与一己真心所信的真实携手同行，在大众异口同声挞伐下的左拉，焉能犹如无事般从容度日……

是的，与真实握手相约，而后信守自己与它的约定，并与之携手缓缓漫步人生的每一个人，定能活得不慌不忙、不忧不惧，一如挺立于被告席上的左拉！

心灵悄悄话

与真实握手相约，而后信守自己与它的约定，并与之携手缓缓漫步人生的每一个人，定能活得不慌不忙、不忧不惧，一如挺立于被告席上的左拉！用自己的真诚之心获得了成功。

真诚地学会换位思考

要想真心地相信他人，理解他人，就要学会从他人的角度考虑问题，处处替他人着想。很多时候，当我们真正地理解了别人，也就能够自然而然地相信别人。很多时候，信任他人并不是说说而已，如果你不能设身处地地站在别人的角度想问题，你很可能并不清楚你将要信任的是什么，或者说，你的他信力违背了"理性"这个原则，很可能演变成一种不负责任的信任。

作为新人，小哲被分派到公司最能干的项目经理张姐的手下做助理，可以常常参与重要项目，他为此而非常庆幸。一向自视清高的他暗想，这下可有机会好好展示一下自己的实力。一次例会上，张姐让大家对下一步的工作方案发表意见，急于自我表现的小哲不等张姐多说，便高谈阔论起来。令他颇为沮丧的是，张姐并没有采纳他的意见。但他并没有收敛的意思，还做出一些与众不同的事情来，把一份给客户的报告擅自增加了很多新奇的内容，遭到同事的批评，而他并没觉得自己有错，拒绝修改，反而批评同事："你这叫故步自封，懂吗？"正巧被经过的张姐听到这句话，遭到她的训斥。

即便如此，小哲对工作还是十分热心，对同事负责的项目经常指点江山，"这个客户很麻烦的，你搞不定的，还是我来帮你吧。"有时候，他好心帮忙，却遭来同事的拒绝。时间一长，小哲发现同事们对他渐渐疏远，讨论工作的时候故意支开他，聚会吃饭也"忘"了叫他，他很是不解，难道热情有什么错吗？为什么大家都疏远自己呢？

55

自谦

我们都知道，要完成一项工作，经常需要与别人合作，那么团队之间的相互支持是我们顺利工作的保障。而在具体活动中，团队成员之间相处需要勤沟通，相互了解各自的想法及工作情况，有助于工作的顺利进行。只有这样，才会使你能够站在大局角度上，站在别人的角度考虑问题。反之，凡事以自我为中心，独断独行，也一定会受到同事们的疏远，相信别人也更难做到。

有一次，小张和小李快下班的时候，同时接到了老板的任务，紧急完成一份材料。很明显，这是谁都不愿意做的工作。小张正要找个理由先走，没想到还没开口，小李倒先说他要去女朋友家吃饭。虽然小张很不高兴，但是碍于面子也装作大度地同意了。小李走了以后，小张正在郁闷中，突然想到："如果我先说了要走，小李肯定也会同意的。那么站在他的角度上想一想不是一样吗？为什么不宽容一些，让自己和别人都高兴一点呢？"这样一想，小张的心情就好多了，很愉快地把工作完成了。

像这样的情况，在日常工作中是经常遇到的，不少人因为和同事斤斤计较结果关系弄得很紧张。其实，如果像小张一样，从同事的角度考虑一下，事情和心情就截然不同了。那么，下次如果自己遇到什么急事，同事也会将心比心的。因此，这都少不了真诚地对待。

当你感到自己身边没有可以信赖的人时，很可能是你没有学会换位思考，使得你总是拿自己的标准去衡量别人，当别人的行为不符合你的要求时，你就会愈发地不信任别人。出现这种情况，你需要从以下方面找找原因：

首先，应该从自身找原因，本着"对事不对人"的真诚原则，应该认真地自我反省，从自己身上找原因，看自己是不是做事太以自我为中心，给别人以爱出风头的感觉；或是经常忙于自己的事，疏忽了

与别人之间的感情交流？

　　要想学会换位思考，那你就应该从小事入手来增进同别人之间的感情，比如，不再拒绝同事热情分送的零食，和要好的同事分享工作八小时外的小秘密等。这样，平时和大家打成一片，改变你清高、傲慢、难以相处的印象，使他人更容易接受你，同时也就缩短了你与他人之间的感情距离。另外，互相交流信息、切磋自己的体会都可融洽人际关系。利用业余时间，培养自己多方面的兴趣，以爱好结交朋友，多参加一些集体的活动，加强沟通，培养自己的交际能力，也是一种好办法。

　　其次，要学会和别人探讨。尤其是倾听别人对你的评价，根据对自我的分析，进行自我批评，通过改变做事方式，消除别人对自己的误解。另外，相信他人还表现为提供给他人机会、帮助其实现生活目标，遇到不懂的问题，虚心向他人学习，不要固执己见，一意孤行。只有这样，才能得到他人的承认，才能获得他人的诚心。当然，也就拉近了你与他人之间的感情距离。

　　我们要努力去了解别人、理解别人，凡事多从别人的角度考虑分析问题，这样既能减少不必要的摩擦，又能增进友谊、促进合作。我们可以试着设身处地地站在对方的位置问一下自己：会怎么想、怎么做。别人之所以那么想、那么做，一定有他的原因。如果我们能这样考虑问题，就会合作得更愉快。

　　再次，要勇于承认自己的错误，并努力改正。信任别人最难的一点，就是每个人的个性造成的不同的处事方式。一般来说，很多人对于自己的错误是很难发觉的，而你的错误很可能就是你不理解他人的原因。

　　最后，要宽容别人的错误。正如你要勇于承认自己的错误一样，可能别人在某些地方不如你，或存在缺点、错误，但切不可因此去讥笑别人，更不要因此而看不起他人。你要做的是充分相信他人能够改正缺点，并学会理解和帮助他人改正缺点、错误。最重要的是，学会

欣赏别人、承认别人的价值和成就。这对于你信任他人是至关重要的。

　　总之，要提高自己的真诚态度，就要学会换位思考。当你具备了换位思考的能力，你会更加理解别人的所作所为，更容易相信他人，当然也就更容易获得他人的尊重。

心灵悄悄话

　　我们可以试着设身处地地站在对方的位置问一下自己：会怎么想、怎么做。别人之所以那么想、那么做，一定有他的原因。如果我们能这样考虑问题，就会合作得更愉快，而这样的做法，正是真诚待人的做法。

半信半疑没有好处

心理学认为，猜疑是闭路思维的结果。它的特征是："自圆其说"。猜疑，一般总是以某一假想目标为出发点，进行闭路思维，最后又回到假想目标上来。就像一个圆，越画越粗，越画越圆，最后信以为真，坚定不移。

古代有个人斧子丢了，他便开始怀疑是邻居家的儿子偷的，从这个假想目标出发，他开始观察邻居的儿子的言谈举止，觉得其表现无一不是偷斧子的样子，思考的结果进一步巩固强化了原先的假想目标，于是他断定贼就是邻家儿子。没过多久，他在自家找到了斧子后再见到邻家儿子时，就觉得其动作态度都不像偷斧子的样子了。其实，邻家儿子一直都是那个样子，可是在那人眼里，变化却是如此之大，原因就在于他的封闭性思维随着斧子的找到、假想目标的失去而消失。

如果凡事都半信半疑，人必定活得非常累，一天到晚紧张兮兮，不是被别人提防，就是提防别人，一点真诚的态度都没有。比如，你刚开始与人交往，人家便用满腹狐疑的眼光打量你，或者人家对你善意地微笑，你却要疑惑老半天，这样你还会有自在可言吗？假如你跟某个人打招呼，对方却要先思考一下你是否有别的用意，然后再决定怎样回答你，你又会做何感想呢？很明显，这种感觉并不好受。可遗憾的是，很多人都是这样——就像是参加假面舞会一般，对人充满虚

伪和猜疑。

《丑陋的中国人》一书曾批评中国人缺乏群体精神，"一个中国人是条龙，三个中国人是条虫"，说的就是中国人的团队中缺少真诚，相互猜疑，钩心斗角，不战自灭。所以有外国人说，一个中国人的力量令人感到可怕，三个中国人就令人放心了。这种态度让广大中国人有种难言的苦涩，但是我们也应该充分地反思，之所以会有这样的言论，归根结蒂是由于这些年来社会上不信任的风气愈演愈烈，导致人们缺乏他信力造成的。

近年来媒体上一些由于信任而导致上当受骗的报道屡见不鲜，使人们彼此之间有了隔膜，对很多事情都习惯于持半信半疑的态度。真诚的缺失，使人们之间多了虚伪和猜疑。不可否认，社会上有这样的人，"表里不一""阳奉阴违""皮笑肉不笑"这样的词是对他们形象的描述。但是，要防止这样的人对我们造成伤害，我们就非要成为这样的人，对他人充满猜疑和虚伪吗？答案是否定的。

如果没有相互的真诚和信任，我们几乎无法生存，更无法真正投入一项具体的工作中，无法体验生活的乐趣和意义。很难想象，在我们和别人交往时，对别人的每句话，每一个要求都去花大量的时间思考这是不是真的，那是不是假的，甚至旁敲侧击地去取证。这样无疑会使生活苦累不堪、百无聊赖。更糟糕的是，你用这样的态度去对待别人，身边的人也会用这样的态度来对待你。缺少了别人的信任，你在社会上将举步维艰。

面对缺乏真诚和信任感的环境，我们应该做的是，献出自己的真诚，尽其所能去信任他人。当别人需要帮助时，如果你不确定对方是否真诚，那么在确保自己不会受太大伤害的前提下，尽量去相信他，帮助他。我们应该相信，好人都会有好报，即使是一个心存不轨的人，只要心中还存在良知，我们的信任必将会感化他。如果每一个人都抱着这种心态的话，那我们生活的环境将会得到很大的改善。

在日本曾发生过这样一个故事：有一年，麦当劳大举进军日本，并在日本本地招收加盟商。当时麦当劳总部的要求是，特许加盟商一是必须有75万美元的存款，二是要有一家中等规模以上的银行的信用支持。有一天，日本住友银行迎来了一名叫藤田田的年轻人，他向银行总裁申请贷款，目的是想成为麦当劳的特许加盟商，但是他之前只是一名普通的职员，从没有过大笔的存款和贷款行为，自然也不会有特别高的信用记录。总裁在听完他的诉说后，很委婉地拒绝了他——按照规定，藤田田的信用还不足以达到贷款75万美元的程度。

但是，藤田田并没有放弃，他恳求总裁能听他讲一讲自己的经历。在经过总裁的允许后，藤田田开始叙述自己怎样每个月都按时存款，不管遇到什么样的困难，他都想方设法来做到这一点。他克制自己的欲望，甚至向别人借钱来存款，从来没有间断过，就是希望以后有机会开始自己的事业。他一口气讲了10分钟，态度恳切，总裁听后大为动容，但是还是觉得这个年轻人也许是在骗他。他不露声色地记下了藤田田存钱的银行地址，便说下午再给藤田田答复。经过一番思考，总裁决定给那名年轻人一个机会，相信他说的话。于是他驱车来到那家银行，向柜台小姐询问是否有一个年轻人从不间断地定时来存钱。柜台小姐说："噢，你说的是藤田田先生吧，他可是我见过的最有毅力的人，6年来，他真的做到了风雨无阻，准时来这里存钱。"结果可想而知，藤田田得到了那笔贷款，成为麦当劳的特许加盟商并一手创造了麦当劳在日本的奇迹。

设想一下，一个一文不名的年轻人和一家银行总裁说了一通看上去不着边际的话，总裁完全有理由拒绝，因为他不符合贷款规定。但是总裁选择了相信他，并加以理智地考证。如果没有住友银行的信任，也许麦当劳今天在日本会是另外一种局面吧。这足以说明，在面对信任还是不信任的选择时，半信半疑没有丝毫的用处，那只会浪费时间。如果对方足够真诚，我们应该本着"宁可信其有，不可信其

无"的心态去积极地相信别人，然后通过仔细考证去打消我们的顾虑。也许你的信任能够改变一个人的未来，同时也会改变自己的一生。

这世界上，信任是一种弥足珍贵的东西，没有人用金钱可以买得到，也没有人可用利诱或用武力争取。它来自一个人的灵魂深处，是活在灵魂里的清泉，它可以拯救灵魂，滋养灵魂，让心灵充满纯洁和自信。人活在世上需要信任别人，犹如需要空气和水，我们如果不信任别人，对人就无法诚恳。如果因戴了假面具而不能对人坦白，是一种极大的约束！一天到晚都提防别人，会害得自己脑筋瘫痪。要想受人爱戴，就得先信任人。"有了信任才有爱，"心理分析专家弗洛姆说，"不善于信任别人的人，也就不善于爱人"。

人与人相处融洽，全靠信任。老师要能使堕落的学生相信他（她）对他们只怀好意，那么，他（她）的教育差不多就成功了。精神病学专家要花费大部分时间劝导神经错乱的病人信任他们，才能够动手治疗。人对人必须怀着好感，彼此信任，日子才不至于过得一团糟。

我们为什么这样难以互相信任呢？主要原因是我们害怕。在飞机上或火车上往往有这种情形：两个人虽然并排而坐，却都怕开口。看他们那种矜持的样子，多么难受！有人如是说："我们怕别人轻视、拒我们于千里之外，或者揭掉我们的假面具。"

信任别人的人，日常待人接物多么与众不同！一个人这样形容他所认识的一个女人："她见到人就伸出两只手来迎接，仿佛是说：'我多么相信你！单单同你在一起，我就觉得非常高兴了！'而你离开她的时候，也会感觉充满自信。"

要增进彼此的信任，首先必须有自信。美国诗人弗洛斯特说："我最害怕的莫过于吓破胆子的人。"事实上，自觉不如人和能力不够的人是不能信任别人的。其次，信任必须脚踏实地，有人痛心地说："信任别人很危险，你可能会受人愚弄。"假使他的意思是说天下总会有骗子，那么这句话是有道理的，信任不应建筑在幻觉上，不懂事的人不会一下子就变得懂事；你明明知道某人喜欢饶舌，就不应该把秘密告诉他。世界并非毫无危险的运动场，场上的人也不是个个心怀善意。我们应该面对这个事实。

真正的信任，并不是天真地轻信。我们不如说，别人是什么人，就把他看成是什么人，不必迟疑，要用心去发掘他的长处。

最后，信任他人需要有孤注一掷的精神——赌注是爱，是时间，是金钱，有时候甚至是性命。这种赌博并不一定常赢，但是，一位意大利政治家说："肯相信别人的人，比不肯相信别人的人差错更少。"不信任他人，就不能成大业，也不能成为伟人。

心灵悄悄话

请记住爱默生的话："你信任别人，别人对你忠实。以伟人的风度待人，别人才会表现出伟人的风度。"

真诚是做人的起点

真诚是做人的起点、人品的极致。一个人的思想、品格、言行，都要发自内心、自然而然地表现出来。不加修饰，由内而外散发的美，才是最吸引人的、光彩夺目的美。而真诚的反面是虚伪，自欺欺人。靠戴假面具过日子，虚伪矫饰的人一生都在演戏，给人留下伪佞可憎的形象，自己也丧失心灵的本性，忍受心理上的折磨。真诚坦率的人不失本色，自然有感人的力量。

一个人没有半点虚假隐瞒的东西，说话诚实，做事诚实，内心真诚，就会令人信服。故真诚可以消除隔阂、化解矛盾，促进人际关系的和谐团结。古人有"精诚所至，金石为开"的格言。这是说精诚的力量可以贯穿金石，何况人心呢。至诚之心的确有巨大的精神力量。诸葛亮对孟获七擒七纵，终于使孟获心悦诚服，化解了汉族和少数民族之间长期积存的矛盾，便是一个有说服力的例证。

今天，我们仍然要实行真诚待人的原则。上级要以诚对待部属，父母要以诚对待子女，企业经营者要以诚对待顾客，每一个人都要以诚对待同事和朋友。以诚待人，才能得到友谊和真情，得到别人的信任和尊敬。人际交往如果离开诚实的原则，人与人之间互相欺骗、尔诈我虞，那么，人世间便不会有真情友谊，不会有团结亲密的人际关系了。

真诚的低层要求是不说谎，不欺骗对方，但在复杂的社会和人生活动中，目的和手段是有一定区别的。医生为了减轻病人的心理负担和痛苦，以利于治病救人，往往向病人隐瞒病情，编造一套谎话说给

病人，这样才能使病人早日康复。它表现出的并不是虚伪，而是更高、更深层的真诚。

交际需要真诚。日本大企业家小池曾说："做人就像做生意一样，第一要诀就是诚实。诚实就像树木的根，如果没有根，树木就别想有生命了。"这段话可以说概括了小池成功的经验。

小池出身贫寒，20岁时就替一家机器公司当推销员。有一个时期，他推销机器非常顺利，半个月内就跟33位顾客做成了生意。之后，他发现他们卖的机器比别的公司生产的同样性能的机器昂贵。他想，同他订约的客户如果知道了，一定会对他的信用产生怀疑。于是深感不安的小池立即带着订约书和订金，整整花了3天的时间，逐门逐户去找客户。然后老老实实向客户说明，他所卖的机器比别家的机器昂贵，为此请他们废弃契约。

这种诚实的做法使每个客户都深受感动。结果，33人中没有一个与小池废约，反而加深了对小池的信赖和敬佩。

诚实具有惊人的魔力，它像磁石般具有强大的吸引力。其后，人们就像小铁片被磁石吸引似的，纷纷前来向他订购机器，这样没多久，小池就打下了迈向成功的坚实基础。

心灵悄悄话

一个真诚的人，是不会遭到人们的拒绝的，反而会得到更多的拥护和爱戴，因为真诚是做人的起点，如果一个人连真诚都失去了，那么，他所拥有的也所剩无几了。

做一个正直的好人

品格就是力量，夸张点说，这句话比"知识就是力量"更为准确。没有灵魂的精神，没有行为的理智，没有善良的聪明，虽说也会产生影响，但它们都只会产生坏的影响。

正直人品表现为襟怀坦荡，秉公持正，坚持原则，刚正不阿，诚实守信。正直的反面则是伪善狡诈。正直的人，对人对事公道正派，言行一致，表里如一。虚伪狡诈的人，伪善圆滑，曲意逢迎，背信弃义，拿原则做交易。正直和真诚是紧密联系的，只有真诚才能正直，反之亦然。观察一个人，可以把这两个方面联系起来，看他是真诚直爽，还是虚伪圆滑；是光明正大，还是阴险诡诈。这是区别人品的重要标准。

正直的品性总是为真正的睿智者和成功者所推崇。正直是什么？美国成功学研究专家久戈森认为，在英语中"正直"一词的基本含义是"完整"。在数学中，整数的概念表示一个数字不能被分开。同样，一个正直的人也不会把自己分成两半，他不会心口不一，想一套，说一套；他也不会表里不一，说一套，干一套，他不会违背自己的原则。久戈森还指出，正直的人，实际上意味着他有某种内在的一定的原则。"正直"这一品质并不与每个人的生命息息相关，却成为一个人品格的最重要方面。正如一位名人所说的："即使缺衣少食，品格也要先天地而忠实于自己的德行。"具有这种品质的人，一旦和坚定的目标融为一体，他的力量就可惊天动地，势不可挡。

正直意味着高标准地要求自己。许多年前，一位作家在一次倒霉的投资中，损失了一大笔财产。趋于破产的他打算用他所赚取的每一分钱来还债。三年后，他仍在为此目标而不懈地努力。为了帮助他，一家报纸组织了一次募捐，许多人都慷慨解囊，这的确是个诱惑，因为有了这笔捐款，就意味着结束了折磨人的负债生涯，然而，作家却拒绝了。几个月之后，随着他的一本轰动一时的新书问世，他偿还了所有剩余的债务，这位作家就是马克·吐温。

无论在任何时候、任何情况下，和什么人在一起，都要忠于自己，言行一致，坚守自己的信仰及价值观，这是正直的表现。如果你不正直，最终将失去一切。因为，别人无法相信你，不愿和你一起工作，或跟你进行交易，如果没有人愿意和你共事，你的事业将会失败。

正直意味着有勇气坚持自己的信念，这一点包括有能力去坚持你认为是正确的东西。正直意味着自觉自愿地服从，从某种意义上说，这是正直的核心，没有谁能迫使你按高标准要求自己，也没有谁能勉强你服从自己的良知。正直使人具备冒险的勇气和力量，正直的人欢迎生活的挑战，绝不会苟且偷安，畏缩不前。

一个正直的人是有把握相信自己的人，因为他没有理由不信任自己。正直经常表现为坚持不懈、一心一意地追求自己的目标，拒绝放弃努力的坚韧不拔的精神。"我们决不屈从。无论事物的大小巨细，永远不要屈从，唯有屈从于对荣誉和良知的信念。"丘吉尔是这样说，也是这样做的。正直的人都是抗震的，他们似乎有一种内在的平静，使他们能够经受住挫折，甚至是不公平的待遇。

正直、诚实、一贯性、坚持、负责——这些都是使一个人成功的特质，而这些也是我们人生中最值得追求的目标。正直还会给一个人带来许多好处：友谊、信任、钦佩和尊重。人类之所以充满希望，其原因之一就在于人们似乎对正直具有一种近乎本能的识别能力，而且

不可抗拒地被吸引。

要做一个正直的人，就要锻炼自己在小事上做到完全诚实。当你不便于讲真话的时候，也不要编造小小的谎言，更不要去重复那些不真实的流言蜚语……

这些事听起来可能是微不足道的，但是当你真正寻求正直并且开始发现它的时候，它本身所具有的力量就会令你折服，最终，你会明白，几乎任何一件有价值的事，都包含有它自身不容违背的正直的内涵。

心灵悄悄话

正直和诚实，这些品质并不与每个人的生命息息相关，却成为一个人品格的最重要方面。正如一位名人所说的："即使缺衣少食，品格也要先天地而忠实于自己的德行。"具有这种品质的人，一旦和坚定的目标融为一体，那么他的力量就可惊天动地，势不可挡。

诚实面对，活出真我

诚实是一种美德。

在日文中，意为"真的"的"本当"一词、意为"真心"的"本心"一词，以及意为"真心话"的"本音"等词汇中才都包含了意指"真实无伪"的汉字"本"。而所谓诚实，就是剥除种种外在假象，无论何时何地，永远和真实的自己在一起。

不似诸多名人，幸运地拥有优越的家庭背景，美国著名的钢铁大王卡内基，出身于一户平凡的贫苦人家。有一天，应邀出席餐会，并在其中发表演说的卡内基，忆起自己满是血泪的奋斗经历，不禁愈说愈是激动，最后，情绪飙涨到最高点的他，索性开口问在座所有宾客："我从一个身无分文的无名小卒，到如今可说是要什么有什么，各位认为，我的生命中还可能缺少些什么吗？"大家听了，纷纷低下头去，苦苦思索。

不久，一位校长抬起头来，大声对卡内基说："我想并非功成名就不对，金钱不重要，权力毫无用处，只不过在事事显得太过浮泛的今日，往往我们都轻而易举地，便让自己仅陷溺于这些事物的表象价值。终至忘了，自己需要它们的初衷，以及自己是谁！以致一旦失去它们，我们便恍如失去的是'自己'那般，霎时慌乱不知所措。"

失去名和利固然难过和不知所措，但是如果分不清自己，找不到自己，岂不是更可悲？

69

自谦

有这么一个故事：某日，一头驴子爬上屋顶，在那儿跳起舞来，且将屋顶上的瓦片全都踏得粉碎！驴子的主人看到这种情形，随即设法将它赶下屋顶，并顺手拿起一根粗棍子，重重地打了这头驴子一顿。

挨了打的驴子，忍不住语带呜咽地对主人说："昨天，我看到猴子这么做，你们大家都笑得很开心！怎么今天换成我，你们就生气了呢？"这头驴子压根儿忘了，意欲以此博取主人欢心的是笨重的自己，不是灵巧的猴子。

鼓起勇气、摆脱那些总是惑人的假象，诚实面对，就会离真实愈来愈近。世界著名科学家爱因斯坦，每每提及自己在科学上的成绩时，总是很少用到"我"这个字。因为，他认为，在可谓包罗万象的自然科学里，个人的点滴成就，实在是极其微妙的！

歌德曾一针见血地指出："'力行真实'本是非常辛苦的事。"相对于歌德而言，爱因斯坦这种时时"肯于诚实面对事物本质"的精神，令人赞赏不已！只有诚实面对世间诱惑人的假象，才会接近事实真相，才能获得无可替代的平静与喜悦。

心灵悄悄话

肯于诚实面对，就会摆脱迷惑，活出真我。有的时候，你做的事情和你看到别人做的事情并不一定是大家愿意看到的，就像驴学猴子一样，只有肯于诚实面对，才能在生活中获得无可取代的平静与喜悦。

行得正做得端

一个人，只要行得正，做得端，那么他就是个高尚的人，是个光明磊落的人，自然也是个不怕邪魔的人。

汉代的公孙弘年轻时家贫，后来贵为丞相，但生活依然十分俭朴，吃饭只有一个荤菜，睡觉只盖普通棉被。就因为这样，大臣汲黯向汉武帝参了一本，批评公孙弘位列三公，有相当可观的俸禄，却只盖普通棉被，实质上是使诈以沽名钓誉，目的是为了骗取俭朴清廉的美名。

汉武帝便问公孙弘："汲黯所说的都是事实吗?"公孙弘回答道："汲黯说得一点没错。满朝大臣中，他与我交情最好，也最了解我。今天他当着众人的面指责我，正是切中了我的要害。我位列三公而只盖棉被，生活水准和普通百姓一样，确实是故意装得清廉以沽名钓誉。如果不是汲黯忠心耿耿，陛下怎么会听到对我的这种批评呢?"汉武帝听了公孙弘的这一番话，反倒觉得他为人诚实谦让，就更加尊重他了。

公孙弘面对汲黯的指责和汉武帝的询问，一句也不辩解，并全都承认，这是何等的一种智慧呀!汲黯指责他"使诈以沽名钓誉"，无论他如何辩解，旁观者都已先入为主地认为他也许在继续"使诈"。公孙弘深知这个指责的分量，采取了十分高明的一招，不作任何辩解，承认自己沽名钓誉。这其实表明自己至少"现在没有使诈"。由于"现在没有使诈"被指责者及旁观者都认可了，也就减轻了罪名的

分量。公孙弘的高明之处，还在于对指责自己的人大加赞扬，认为他是"忠心耿耿"的。这样一来，便给皇帝及同僚们这样的印象：公孙弘确实是"宰相肚里能撑船"。既然众人有了这样的心态，那么公孙弘就用不着去辩解沽名钓誉了，因为这不是什么政治野心，对皇帝构不成威胁，对同僚构不成伤害，只是个人对清名的一种癖好，无伤大雅。

以退为进，这是一种大智慧。特别是领导人，在这方面如果运用得好，更能受益匪浅。作为一个团队的领袖，受大众至少是团队内部成员的关注程度肯定会高于一般人。而有些人可能对情况不怎么了解又喜欢乱下结论，甚至有时候会有一些莫须有的罪名加到头上，这时候你去辩解反而会让人觉得你心中有鬼，即便最后得到澄清也极可能给旁人一种不好的印象，更何况有时候你无意之中真的会犯一些错误。

对不存在的事情不置可否，事情终会有水落石出的一天，那时候你不是可以得到更多人的尊敬吗？有什么小错就承认了也没什么大不了，人家反而会觉得你人格高尚，勇于承认错误更易得到大家的谅解，而且一个光明磊落的人即使错又能错到哪里去呢？

心灵悄悄话

即使有人在背后使诈污蔑我们，我们也不用急于辩解，反而可以勇于承认自身确实存在的不足。因为我们内心正直、做得光明磊落，又有什么好怕的呢？

为人诚实人感佩

诚实的人，待人以真心，"真者，精诚之至也"。因其精诚，故能感人。对方感佩其人，因而对他有信赖感，也将以真心待之。宋楚罢战和解有赖于华元、子反互相交心，司马光一生诚实做人得人敬重，宋濂诚实对上明太祖深信之，诚实能使人信赖和感动至此！本来敌我交战，兵不厌诈，只要取得胜利，什么阴谋诡计都可尽使。因为这是生死的大搏斗，不是你死便是我活，在这里没有什么仁义道德可讲，宋襄公不是在与敌交战中讲仁义而贻笑大方吗？但事情也不都是绝对的，也有例外之事，也有彼此以诚相待，取得和解而罢战的，这可参见《韩诗外传》第二卷第一章：

楚庄王率兵围攻宋城不下，只剩存七日之粮了，他说："尽此而不克，将去而归。"于是派司马子反乘上城工具窥视宋军情况，适宋也派华元乘上城工具来侦察楚军，二人相遇了，子反问宋军怎样了？华元老实告诉子反说，困难得很，已经是易子而食，拆散尸骨当柴烧来煮饭。子反又问华元为什么要告诉他宋军的真实情况？华元说："吾闻君子见人之困则矜之，小人见人之困则幸之，吾望见吾子似于君子，是以情也。"子反说："诺，子其勉之矣。吾军有七日粮食尔。"说完，作揖离去。子反回来将华元与他交换的情报如实向楚庄王汇报，庄王怒说："吾使子视之，子曷为而告之？"子反说："区区之宋犹有不欺之臣，可以楚国而无乎？吾是以告也。"庄王说："虽然，吾今得此而归尔。"子反说："王请处此，臣请归耳。"庄王说：

"子去我而归，吾孰与处乎此？吾将从子而归。"于是，就率部队返回楚国。

作者对此评论说："君子善其平乎已也。华元以诚告子反，得以解围，全二国之命。"大意是说，子反和华元二人以诚相见，和解了两国的战争，保全了两国军民的生命。处在当时情况下，和解是上策，宋军已到了易子而食、析骨而炊的地步，而楚国也快要绝粮，即使楚军攻下宋城，也一无所得，也许攻下城时已无粮可吃，这么一来，两国军民不都是一样悲惨吗？而华元与子反都说出两军实况，彼此都已知彼知已，哪一方要取胜都难，显然是和为上策。华元向子反说出真情，也因他认为子反是君子，君子是讲道理有仁心的。因此，彼此交心，互说真情，终使两军罢战和解、挽救了两国军民的生命。

心灵悄悄话

老实人可能吃亏于一时，但不会长久吃亏；伪诈的人即使得利于一时，但其真面目终将暴露而自食恶果。这便是历史的结论。

诚信让我们活得自在

数月前，朋友临时托晓尼在 10 天内帮忙完成一本书的编辑工作，但是，当那份稿件送抵晓尼手中时，循例先行翻阅数页稿件的晓尼，却不禁被吓出一身冷汗！这种稿子，应退稿重译吧?！而且，这么厚，要在 10 天内完成编辑工作，怎么可能？可是，朋友的时间也很紧迫啊！怎么好意思开口让他能给自己宽裕些的时间？但若不明说，到时无法如期完工，甚至做得七零八落，又该如何是好？忧心忡忡的晓尼，辗转反侧了一整晚……

隔天，晓尼还是硬逼自己向朋友说明原委，并请他在不致延误进度的前提下，尽可能稍稍延长自己的工作时间。

幸好，朋友没考虑太久，便答应了。这使得大大松了口气的晓尼，得以安心、愉快地，竭尽全力完成这份工作！这使晓尼更加确信：一个待人处事遵循诚信之道的人，必定能因心中没有任何挂碍，而在自己生命中的每一天，都活得自在、活得怡然！

每读到这种故事，常常不好意思直接拒绝他人请托的自己，总要自问：是不是在置身于某些左右为难的情境时，也常不免明知自己面临危险，却仍不肯实事求是地表现出自己其实极想回绝对方的心意？

长此以往，背离了诚信之道的自己，下场是否将与下一则故事里的猴子如出一辙？

有位水手某次出海远行时，带了只猴子同行。可当这艘船驶离希

自谦

腊海岸不久，海上却倏然起了狂风大浪！这艘船，不幸在风浪中沉没……

一头恰巧游到附近的海豚，见到与水手同行的猴子正在波浪中挣扎；向来乐于助人的海豚，以为那只猴子是人类，便游到猴子身旁，让他坐在自己背上，准备将他送返雅典。待他们在海中已能望见雅典城时，海豚问猴子："你是雅典人吗？""是的！"猴子对海豚撒了个弥天大谎。"那么，你一定知道派雷亚斯（一个雅典的著名海港）喽？"海豚继续问。猴子以为"派雷亚斯"是人名，便答道："当然知道啊！我们两人是好友呢！"听到这话，海豚立刻知道自己受骗了！

愤怒至极的海豚，当场决定拂袖而去，让欺骗了自己的猴子，在汪洋大海中自生自灭！

当我们的待人处世离诚信之道愈来愈遥远时，最终的受害者仍是不再真实的我们自己！

心灵悄悄话

背离诚信，只能让生活对我们绝望；背离诚信，只能让自己在失败中品尝背离的后果。只有有诚信的人，才能过上愉悦的生活，才能活得无忧无虑。从现在开始，做一个有诚信的人吧！

正直诚实是力量之源

孟子曰：爱人者，人恒爱之。人生最棘手的一个问题就是做人的问题。如何才可以在激烈的竞争中，从纷繁的尔虞我诈中卓然独立，不为世俗所污，做一个成功的人呢？静心沉思，唯有保持正直的品格才能"生当作人杰，死亦为鬼雄"。

如果一个年轻人在刚踏入社会的时候，便决心把塑造自己的品格作为以后事业的资本，做任何事情，都无悖于养成完美人格的要求，那么，即使他无法获得盛名与巨大利益，也终不至于失败。而那些人格堕落、丧失操守的人，却永远不能成就真正伟大的事业。

人格操守是事业上最可靠的资本，人格操守中的关键一点是正直诚实的品格，多数青年对这一点缺乏认识。一些年轻人过分地注重技巧、权谋和诡计，却忽视对正直诚实品格的培养。为什么有许多公司情愿以非常昂贵的代价，用已死去数十年或数百年的人的名字来做公司名称呢？因为那些已逝者都拥有正直诚实的品格，他们的名字就代表着信用，使消费者感到可靠。还有一些年轻人明明知道这样的事实，但是他们仍然不将事业的基础建立在正直诚实的品格上，反而建立在技巧、诡计和欺骗上，着实是令人费解的事情。当然，事情总是对立存在的，也有相当多的年轻人并不把事业建立在不可靠和不诚实的基础上，而是建立在坚如磐石的正直诚实品格上。

有些人说，因为正直，屈原才会在谗言中葬身汨罗江；因为正直，文天祥才会死于元朝的屠刀；因为正直，哥白尼才敢畅所欲言；因为正直，苏格拉底才不得不饮恨而亡！

正直与诚实，难道带给人们的都是一些血泪吗？带给人的只是毁灭一个人的荣华吗？不，不是这样的！它们带给人的更多是一种血性，一种高于生命价值的信仰。因为有了屈原的痛苦，才会有中华儿女对爱国诗人的无比尊敬；有了文天祥的《正气歌》，才让我们有了对公道的信服；有了哥白尼"日心说"理论的问世，才会使人类的认识摆脱神学的束缚；有了苏格拉底的前驱，哲学最终引导着人们的思想，走向成功的坦途。

正直诚实的人，可能会被身旁的一些小人所迫害，遭遇人生道路的崎岖与内心凄惨的伤痛。但是孟子不是说过这样一句话吗："天将降大任于斯人也，必先苦其心志，劳其筋骨，饿其体肤，空乏其身，行拂乱其所为，所以动心忍性，曾益其所不能。"因为正直诚实的人，必然要担当起社会的重任。所以，痛苦只会让他们变得更加的坚韧、更加的刚强。那么，到底什么才算是正直诚实的呢？

正直诚实，就是所谓的"富贵不能淫，贫贱不能移，威武不能屈"的坚强意志。人是要有骨气的，只有这样才能屹立于天地间！

正直诚实，就是所谓的"不以物喜，不以己悲"的豁然态度。既要肩负着社会的责任，又要有豁然的心胸，以此来抵达心灵的宁静港湾！正直诚实，就是所谓的"我自横刀向天笑，去留肝胆两昆仑"的勇气。有了勇气，才可以横眉冷对那些黑恶的势力！

所以，做人一定要做一个正直诚实的人！做一个方方正正的人，做一个以"诚"为至高信仰的人。

心灵悄悄话

有不少人把正直诚实这些优秀品质和处世原则贬为不屑一提的东西，甚至认为正直诚实就是傻，就是老顽固，混不开，吃不香。这实则是对人性评判标准的一种亵渎。

做人要堂堂正正

"人"字，一撇一捺，站得稳，立得正。做人也要这样：堂堂正正，不投机取巧，不己所不欲施于他人，更不对深处逆境的人落井下石。

讲信用，守信义，是立身处世之道，是一种高尚的品质和情操，它既体现了对人的尊敬，也表现了对己的尊重。我们反对那种"言过其实"的许诺，也反对使人容易"寡信"的"轻诺"；我们更反对"言而无信""背信弃义"的丑行！

在社会交往中，如果真能主动帮助朋友办点事，这种精神当然是可贵的。但是，办事要量力而行，说话要注意掌握分寸。因为，诺言能否兑现不仅有自己努力程度的问题，还有一个客观条件的因素。有些在正常情况下是可以办到的事，后来由于客观条件起了变化，一时办不到，这种情况是有的，这就要求我们在朋友面前，不要轻率地许诺。有的事明知办不到，就应向朋友说清楚，要相信朋友是通情达理的，是会原谅的，千万不要打肿脸充胖子，在朋友面前逞能，轻率许诺。这样，不但得不到友谊和信任，反而会失去朋友。

做人要堂堂正正，更要在别人身处困境的时候，及时地伸出援助之手，而不是落井下石。"人生的道路上，你可能会愚弄整个世界，并且当你走过这条路时，你会受到赞扬，但是如果你欺骗了身处困境的人，那么你的回报将是痛心和泪水。"这是一首诗的结尾部分，是洛厄尔·托马斯在听完诺曼·文森特·皮尔训诫后的第二天送给他的。他对诺曼说："坦白地说，如果读了这首诗，你的演说将会更

好。"显然皮尔博士同意了托马斯的说法，因为他将这首诗抄下来，放在了钱夹里，并经常参阅它。

尽管事情的结果是清晰明确的，但你可能会问："那些做错事的人会合理地处理他们的所作所为吗？"答案是肯定的，条件是他们能严格地面对自己，深刻地认识到他们做错了。

认识不到自己错了，就会一味地维护自己的形象，认为自己的想法是正确的。这一行为与你的意图，即做一个有道德的人——你自身所具备的形象相对立。一个明确的意图应是建立在合理的、道德的行为基础之上的。诚信无欺，乐于助人，堂堂正正地做人，才是我们应坚持的。

心灵悄悄话

作为生活中的人是不可以没有原则的。没有了做人的原则，也就没有了衡量对与错的尺度。假如你自己都不知道你应该去做些什么事情，那么就很容易走入歧途。因为人是具有社会属性的，时时事事都要有法律和道德的约束，游离于社会之外是不可能的。而堂堂正正是做人讲原则的基石之一。

正直成就人生事业

无论你在任何时候、任何情况下，和什么人在一起，都要忠于自己、言行一致、坚守自己的信仰及价值观，这便是正直的表现。

如果你不正直，最终将失去一切。因为，别人无法相信你，不愿和你一起工作或跟你进行交易。如果没有人愿意和你共事，你的事业将会失败，无论任何一种事业的结果都将一样。

一位推销员讲道：入行时，我曾经在一家销售生乳代替品的乳液饮料公司工作，我是名经销商，业绩达到全公司最高点，并拥有两个销售站，但是由于公司部分领导人员缺乏正直及踏实的精神，导致整个公司瓦解。

任何一位进入销售业的人都知道，基本上，金钱是一切的出发点。人们进入公司工作是为了要赚钱，这并没有什么不好，相反地，对那些不这么盘算的人反而使我感到不安，因为在我们的周围，没有任何一件事情不需要花钱。当然，家人、友情及人际关系则是建立在一些比金钱更重要的事情上。但是在商言商，只要我们进入商业圈，不管是职员、顾问、老板、合伙人或消费者都和金钱脱离不了关系。

专注于你是谁而不是你做了什么，因为你是谁正是你的价值所在。你到底是什么样的人？你重视什么？你怎么过生活？你和其他人有什么关系？你有什么特质？这些才是唯一重要的事情。因为，你是什么样的人将决定你做什么样的事。

自 谦

一个正直的人会在适当的时机做该做的事，即使没有人看到或知道。亚伯拉罕·林肯说得好："正直并不是为了做该做的事而有的态度，正直是使人快速成功的有效方法。"

正直、诚实、一贯性、坚持、负责——这些都是使一个人成功的特质。而我认为这些也是我们人生中最值得追求的目标。你觉得自己是这样一个人吗？我认为，"做一个正直的人"应该是每个人首先要实现的目标。

己所不欲，勿施于人。希望别人如何对待你，你也需要同样地对待别人。要正直、诚信，这些都是成功所必需的。例如，如果你现在和别人进行商务往来，那么，你应当注意创造一种双方都能得利的局面，而不是只希望从对方那里索取，全然不顾对方所付出的牺牲。

心灵悄悄话

诚实做人，身正心诚才能问心无愧，才能获取他人的信任。若想得到别人的信任和尊敬，必须付出同样的信任和尊敬。做人，一定要身正心诚，正直的人才能获取好的未来！

第三篇 >>>

开开心心过日子

快乐其实很简单，等待别人给予的快乐是不可靠的，要保持快乐就要做到自得其乐、助人为乐、知足常乐。只有自己成为快乐的主人，才能获得真正的快乐，才能成为真正快乐的享受者。

正如人们常说的"笑一笑，十年少。愁一愁，白了头"。而最好的自我调适方法，就是笑，就是乐观地生活，就是养成乐观生活的好习惯。

一旦你学会了阳光灿烂地微笑，你就会发现，你的生活从此就会变得更加轻松。微笑是人与人之间最普通的交流方式。

笑对一切，乐观生活

有很多的人把"笑对一切，乐观生活"作为自己的座右铭。他们这种积极快乐、热爱生活的态度，使他们的生活充满生机与阳光。和任何一个快乐生活的人谈话，他都会给你一种力量。

有一个老先生得了病，头痛、背痛、茶饭无味、萎靡不振。他吃了很多药，都不管用。这天听说来了一位著名的中医，他就去看病。中医望闻问切一番后，就给他开了一张方子，让老先生去按方抓药。老先生来到药铺，给卖药的师傅递上方子。师傅接过一看，哈哈大笑了起来，说这方子是治妇科病的，中医犯糊涂了。老先生赶忙去找医生，谁知医生却出门了，说是要一个多月才能回来。老先生只好把方子揣起来回家了。回家路上他想，这个中医真是糊涂了，竟然把自己的病看成了"月经失调"的妇女病，于是也禁不住哈哈笑起来。从这以后，每当想起这件事情，老先生就忍不住要笑。他把这事说给了家人和朋友听，大家也都忍不住乐起来。一个月后，老先生去找医生，笑呵呵地告诉医生说你给我开的方子弄错了。医生此时笑着说，这是他故意开错的。

老先生的病是肝气郁结所引起的精神抑郁及其他病症。而笑，则是他给老先生开的"特效药方"。老先生这才恍然大悟——这一个月中，老先生光顾笑了，什么药也没吃，身体却好了。

我们生活在这个世上，每天都忙忙碌碌，承受着巨大的生存压

力。我们要维持自身和家庭的生活水准不至于太低，我们要时时提防天灾人祸的发生，我们面对着生老病死的困扰，我们要和形形色色的人打交道……如果我们不懂得如何调节自己，那么苦恼、忧愁、烦躁、愤怒、痛苦……这些不良的情绪就会严重地损害我们的身体和精神。正如人们常说的"笑一笑，十年少。愁一愁，白了头"。而最好的自我调适方法，就是笑，就是乐观地生活，就是养成乐观生活的好习惯。一旦你学会了阳光灿烂地微笑，你就会发现，你的生活从此就会变得更加轻松。

微笑是人与人之间最普通的交流方式。笑可以融化冷淡，可以化干戈为玉帛，可以缩短人与人之间的距离。

美国某都市一个知名酒店的人事经理曾说过："如果一个女孩子经常发出可爱的微笑，那么就算她是小学的文化，我也乐意聘用；要是一个哲学博士，老是摆个扑克牌的面孔，就是免费来当我的服务生，我也不要。"

著名的企业家吉姆·丹尼尔靠一张"笑脸"神奇般地挽救了濒临破产的企业。丹尼尔把"一张笑脸"作为公司的标志，公司的厂徽、信笺、信封上都印上了一个乐呵呵的笑脸。他总是以"微笑"飞奔于各个车间，执行公司的命令，进行自己的管理。

结果，员工们渐渐被他感染，公司在几乎没有增加投资的情况下，生产效益提高了80%。公司员工友爱和谐，上下同心同德，其乐融融，公司的信誉大增，客户盈门，生意红火，不到5年，公司不仅还清了所有欠款，而且盈利丰厚。"微笑可以让领导与员工之间更容易沟通，可以使企业形象更深刻地印在客户的脑海中，能够为企业带来意想不到的收获。"

"笑，实在是仁爱的表现，快乐的源泉，亲近别人的桥梁。有了笑，人类的感情就沟通了。"这是英国诗人雪莱说的。"善说笑话的

人，往往有先见之明。""心里最好经常保持快乐，如此就能防止百病，延长寿命。"这是我们应该有的对于生活的态度。的确，经常保持愉快的心情，笑口常开，是有益于身心健康的。笑，使肌肉变得柔软，身心在极度放松的状态下，很难引起焦虑。只要你笑，就多一份觉醒，对这个世界更有安全感。

张学良的一生，充满了传奇色彩。1936 年底，西安事变之后，张学良便踏上了漫长曲折的幽禁之路。命运的沧桑并没有让昔日"少帅"看破红尘，恰恰相反，他把"被软禁"当成了修身养性的人生大课堂。

每日清晨 6 点，张学良准时起床去登山，在半小时的登山过程中，他摸索出了一套"大笑养生法"。他说，笑是为了长寿，早晨起床第一件事，就是要让自己快乐。想快乐，就要把心胸放宽，不要想烦恼的事。心胸放宽，首先要放松，整个心落下来了，身体才会松弛：不再压抑、紧张，才会由衷地发出笑声。

笑对一切、乐观向上是成功的良好习惯之一，是一种乐观开朗的生活态度，是对人对己的宽容大度，是不计较得失的坦然心胸。笑的修养，也是人品的修养。让我们记住："笑对一切，乐观生活。"用微笑和乐观的心态来面对人生，让我们的每一天都快乐而充实。

心灵悄悄话

要快乐地生活，就要学会摆脱繁杂生活的束缚，一身轻松，心情才会更好。乐观的态度是战胜困难，走向成功的法宝。要成大事，愁眉苦脸是无济于事的，只有笑对一切困难并战胜它们，才是走向成功的正确道路。

要做快乐生活的享受者

什么是我们想要的理想生活？也许有人说，有钱，才是我想要的理想生活。的确，放眼看去，生活在我们周围的人，上至富豪官员，下至平民百姓都在为金钱拼搏，正应了过去的一句古话：天下熙熙，皆为利来；天下攘攘，皆为利往。然而，有钱的日子就真正快乐吗？

有一名在中国留学的学生曾发出过这样的感慨，在中国大学生眼中，我是典型的胸无大志者，不想挣大钱，不想做大老板，不想出书立传，不想做什么大事业，甚至也不想读高学位，在我看来，最重要的事是我每天是否过得快活有趣。

或许你也会认为他是个没出息的人，但从另一个角度上来看，这也是一种大智慧的生活态度。这个留学生是自己的主人，他永远不会做生活的奴隶。他可能不会在事业上有大作为，不会名垂青史，但一定是个终生快乐的人。从这个意义上来看，他比很多人都成功，他过的正是我们许多人眼中的成功人士的理想生活。

惠子和庄子是好朋友，两个人感情很好，但是他们的观点却经常不一样，有时在一起讨论问题经常会抬杠。有一次，庄子和惠子在濠水桥上游玩。

庄子说："小鱼从容自得地游来游去，这就是鱼的快乐呀！"

惠子说："子非鱼，焉知鱼之乐也？"

庄子说："子非我，安知我不知鱼之乐？"

惠子说："我不是你，固然不知道你，但你也不是鱼，你不知道

鱼的快乐是可以确定的。"

庄子说："我们回到问题的原点。一开始你说'你怎么知道鱼的快乐'这句话，实际上是你已经知道我知道鱼快乐才问我的呀，现在我回答你，我是在濠水上才知道它的。"

这就是历史上很有名的濠梁之辩，庄子以一个艺术家的闲情逸致揣测鱼儿的快乐，而惠子却以一个哲学家的严谨，去探求事实的真实性。于是在我们的文化里就出现了用"子非鱼，安知鱼之乐也"这句话，来反驳那些胡乱臆断别人想法的人。

萝卜青菜各有所爱，异类之间是很难沟通的，你有你的悲伤，鱼有鱼的快乐。一所普通的房子，工人阶级住了觉得刚好合适，乞丐住着觉得豪华极了，而给百万富翁去住的话，又觉得实在寒酸没法住。所以面对同一件事物，不同的人有不同的看法与感受，我们不能强求别人理解自己。

社会上的某些工作，如清洁工，每天扫垃圾，又脏又累，很多人会认为他们不开心不快乐。但事实未必，你不是清洁工，就永远不会真正理解他们的感情和想法。一个整日加班熬到深夜的人，在旁人看来可能会觉得他好可怜好辛苦，但如果工作是他的爱好，享受加班的过程，那么一切压力都跟他无关了。

有一个自以为非常成功的年轻人到巴厘岛旅游。某天，他一不小心把眼镜摔破了。他只好中断行程，叫出租车回旅馆。在车上他问司机哪里可以修眼镜。司机说，附近没有眼镜行，只能到首府才能修。他随口叹道："这里太不方便了。"

司机很不以为然，笑着说："这里的人很少近视，不会感到不方便。"又聊了一会，年轻人觉得这个司机谈吐不俗，便决定第二天包他一天车，到首府修眼镜顺便看看沿途风光。

司机犹豫了一下后答应了他的要求，第二天，他们8点出发，很

快就到达了目的地，修好眼镜后，年轻人逛了一上午觉得有点累便想打道回府。但他想到司机也许为了接这笔生意，可能推掉了许多原有计划，就不好意思开口。思想斗争了很久，他还是下定决心问一下。"对不起，司机先生，如果现在我想改成只包半天，不知会不会给您带来不便？"

没想到司机竟喜出望外地说："一点都不会。昨天，你要包一整天车，我还很犹豫，若不是因为跟你很聊得来，我是不接受包整天车的。"

"为什么？"年轻人很奇怪。

他说："我给自己设定了一个工作目标，每天只要赚到600块，我就收工，你用1200包了一整天，差不多是我两天的工作量，我都没有自己的时间了。"

"那你可以今天赚够钱，明天再休息呀！"年轻人觉得这才是最好的方法。

没想到司机却摇摇头说："这可不行，先是做一整天再休息，然后就变成做一周、一个月再休息，然后可能又变成了做一整年再休息。最后可能就是做一辈子，终生不得休息了。"

年轻人听了觉得有点道理，又问，"那你们闲时都干吗呢？时间那么多，不会感到无聊吗？"

司机大笑："怎么可能呢？这里那么多好玩的，怎么可能会无聊呢？巴厘岛每家都斗鸡，收工后，我就斗斗鸡，有时候和孩子一起去放放风筝，或者到沙滩去打打排球、游游泳都会让人觉得快乐惬意呀！"

年轻人这才恍然大悟，不禁重新审视起自己的生活……

其实，我们每个人都应该好好审视一下自己的生活方式了。每天没日没夜地工作挣钱而很少按自己真正的意愿去好好地享受悠闲的生活，总想着现在先赚钱，过些时候再享受，而实际上"明日复明日"，现实却是房子越换越好，越换越大，越换越贵，大到无力打扫，只好请佣人；贵到必须拼命工作，才能跟上日渐上涨的利息。于是，为了更多时间工作，只好搬到公司里住，有家归不得。那处为之奋斗的大房子意义何在？而我们自己又成了什么？是房子的奴隶？是工作的机器？还是驮着金钱的驴？

心灵悄悄话

人生在世，为什么总把自己弄得如此匆忙，为什么总要去随波逐流呢？放慢一点脚步吧，让自己的生活悠闲一点，视野宽阔一点，多给自己一点时间做些真正让自己快乐的事。或许你会发现，人生境界顿时豁然开朗。

第三篇　开开心心过日子

91

快乐其实很简单

在生活中，时时刻刻都充满了快乐，这种快乐来自生活中的点点滴滴，只要你用心去体会，就会时时感到快乐。

一位父亲问孩子："你快乐吗？"

孩子回答："快乐。"

父亲问孩子："有什么让你快乐的事情呢？"

孩子不假思索地回答："比如说，你现在在家里陪着我，没有像往常一样，很晚才回家，都没有时间跟我们聊天；比如说，每天早上起床后，都能吃上妈妈精心准备的早餐，不会饿肚子；比如说……"

听着孩子诉说着极其平常却让他感到快乐的事情，父亲的心被震惊了，原来，快乐竟是如此简单，生活中有如此多的快乐之源。

可是，为什么我们的生活会变得沉重？难道人长大了，就不能拥有孩童眼中的快乐吗？究其原因，只是因为，伴随着我们的成长，我们已不再那么单纯，有了更多的追求与欲望。就像电视剧《死去活来》中的周一鸣，为了博得学科带头人的位置几乎崩溃。他去看医生，医生说他身体上并没有什么病，他的病在心里，可能得了心律枯竭症，建议他去看心理医生。所以，去除欲望，回归简单，还生活以本来的快乐，才是我们要做的。

在美国阿拉斯加地区，有一个小镇叫格鲁特吉伦。这里靠近北极

圈，全年平均气温只有 4 度，冬天最低气温可达零下 40 摄氏度；一年四季，该镇都笼罩在一片白雪皑皑之中。由于气候严寒，居民的生活来源有限，因此，该镇失业人口众多，生活极为艰苦。不少人悲观失望，郁郁寡欢，一些人甚至打算背井离乡，前往他处谋生。

为了驱散格鲁特吉伦的悲观气氛，鼓励当地居民积极生活，2005 年 2 月 1 日，格鲁特吉伦镇委员会制定了一条在全世界都堪称独一无二的法令，该法令规定：每天的傍晚 6 时到 7 时为快乐的时间，在这 60 分钟里，镇上的所有居民包括前往该镇旅游的客人都必须快快乐乐。不得吵架生气、悲观失望、愁眉苦脸、郁郁寡欢。如果谁违反了这一法令，轻者将处罚金，重者强制学习，学习的内容是观看喜剧电影和诙谐有趣的电视脱口秀。

这一奇特的法令颁布后，每到傍晚 6 点到 7 点，那些面带微笑的警察和执法人员便走街串巷观察人们是否正在"快乐"，如果发现不快乐者，执法者仍然微笑地对其处罚。渐渐地，在每天的 60 分钟里，格鲁特吉伦镇就成了一个快乐大本营，无论男女老少，平民富商，大家都聚在一起，开怀大笑，相互逗乐。随着法令的执行，小镇的居民相继认识到，无论一个人心底的忧伤有多沉重，只要他（她）不放任自己在忧伤中沉溺，只要他（她）努力去寻找快乐、创造快乐，快乐就一定会常驻心中的。

慢慢地，格鲁特吉伦镇又充满了活力与欢笑。

快乐与否，其关键在于自己本身，其实快乐很简单，它时时都在你身边。一旦你开发了快乐的源泉，不但自己可以随时取用，也可以与每个人分享。

一群喜爱喝茶的老人，闲来无事，定期互相邀约品茗话家常。大家采取的方法，是找各式各样昂贵的好茶，以满足大家的口欲。

这天，轮到一位最年长的人做东了。他以隆重的茶道接待大家。

自谦

茶叶是从一个非常有品位的金色器皿中取出来的，放到一个价值昂贵的杯子里，橙黄的茶叶倒入其中，如金子般的液体非常美丽。大家对此赞不绝口，并要求公开其中的奥妙。

长者悠然应道："各位茶友，你们如此赞赏的茶叶，是我刚从杂货店买来的，是一般人认为最普通最便宜的茶叶。生活中最美好的东西，其实是既不昂贵，也不难获得的。"

雕塑大师罗丹说："美是到处都有的，对于我们的眼睛，不是缺少美，而是缺少发现。"同样的，生活中的快乐到处都有，对于我们，不是缺少快乐，而是缺少"盘点"。

一次，鬓发斑白的影坛老将雷利应邀参加电视台的一个专题节目，只见雷利拄着拐杖步履蹒跚地走上台去，很艰难地在台上就座。看到这样一个老人，让人很自然地为他的身体担心。

所以主持人开口问道："你还经常去看医生吗？"

"是的，常去看。"

"为什么？"

"因为病人必须去看医生，这样医生才能活下去。"台下爆发出热烈的掌声，人们为老人的乐观精神和机智的话语喝彩。

主持人接着问："你常去药店买药吗？"

"是的，常去。这是因为药店老板也得活下去。"台下又是一阵掌声。

"你常吃药吗？"

"不，我常把药扔掉，因为我也要活下去。"掌声。

主持人转而问另一个问题："夫人最近好吗？"

"啊，还是那一个，没换。"台下大笑。

看看身边你所熟悉的、拥有快乐的人，他们并没有什么特别值得快乐的理由，但他们似乎随处都可以找到欢愉。

　　快乐其实很简单，只要心灵有所满足就是快乐的，做自己喜欢的事情就是快乐的，和自己喜欢的人在一起就是快乐的，愿望实现了就是快乐的。

心灵悄悄话

　　快乐其实很简单，只要我们用心体会，就可以随时找到快乐之源。品尝草莓的酸甜，体味花儿的芳香，享受滑雪橇的刺激，听到来自别人的赞扬，在水里游来游去，听美妙的音乐……生活处处充满着快乐，用心享受属于自己的快乐吧。

第三篇　开开心心过日子

赶走悲观，让自己变得乐观起来

一位著名的政治家曾经说过："要想征服世界，首先要征服自己的悲观。"在很多人的人生中，悲观的情绪笼罩着生命中的各个阶段。悲观是一个幽灵，能征服自己的悲观情绪，便能征服世界上的一切困难之事。

人生中悲观的情绪不可能没有，要紧的是击败它，征服它。用开朗、乐观的情绪支配自己的生命，战胜悲观的情绪，就会发现生活有趣得很。

人生在世不如意事常有八九，这是一个不以人的意志为转移的客观规律。倘若把不如意的事情看成是自己构想的一篇小说，或是一场戏剧，自己就是那部作品中的一个主角，心情就会变好许多。

一味地沉入不如意的忧愁中，只能使不如意变得更不如意。"去留无意，闲看庭前花开花落；宠辱不惊，漫随天际云卷云舒。"既然悲观于事无补，那我们就应该用乐观的态度来对待人生，守住乐观的心境。

父亲欲对一对孪生兄弟做"性格改造"，因为其中一个过分乐观，而另一个则过分悲观。

一天，他买了许多色泽鲜艳的新玩具给悲观的孩子，又把乐观的孩子送进了一间堆满马粪的车房里。

第二天清晨，父亲看到悲观的孩子正泣不成声，便问："为什么不玩那些玩具呢？"

"玩了就会坏的。"孩子仍在哭泣。

父亲叹了口气，走进车房，却发现那乐观的孩子正兴高采烈地在马粪里掏着什么。

"告诉你，爸爸。"那孩子得意扬扬地向父亲宣称，"我想马粪堆里一定还藏着一匹小马呢！"

乐观和悲观的人生态度似乎就在一念之间，乐观的人，只会把事情往好的方向去想，而悲观的人呢？即使你给予他再多美好的礼物，他都会忧心忡忡，痛苦不已。

其实，快乐和悲观都很简单，就像吃葡萄时，悲观者从大粒的开始吃，心里充满了失望，因为他所吃的每一粒都比上一粒小。而乐观者则从小粒的开始吃，心里充满了快乐，因为他所吃的每一粒都比上一粒大。

悲观者决定学着乐观者的吃法吃葡萄，但还是快乐不起来，因为在他看来他吃到的都是最小的一粒。乐观者也想换种吃法，他从大粒的开始吃，依旧感觉良好，在他看来他吃到的都是最大的。悲观者的眼光与乐观者的眼光截然不同，悲观者看到的都令他失望，而乐观者看到的都令他快乐。

知道悲观是快乐的一大敌人之后，我们就要想方设法克服悲观的情绪，树立乐观的形象。

如果你是那个悲观者，你不需要换种吃法，你只需要换一种看待事物的眼光。

有两个农民，外出打工。一个去上海，一个去北京。可是在候车厅等车时，都又改变了主意，因为邻座的人议论说，上海人精明，外地人问路都收费；北京人质朴，见吃不上饭的人，不仅给馒头，还送旧衣服。

去上海的人想，还是北京好，挣不到钱也饿不死，幸亏车还没

到，不然真掉进了火坑。

去北京的人想，还是上海好，给人带路都能挣钱，还有什么不能挣钱的？我幸亏还没上车，不然真失去一次致富的机会。

于是他们在退票处相遇了。原来要去北京地得到了上海的票，去上海地得到北京的票。

去北京的人发现，北京果然好。他初到北京的一个月，什么都没干，竟然没有饿着。不仅银行大厅里的纯净水可以白喝，而且大商场里欢迎品尝的点心也到处都是。

去上海的人发现，上海果然是一个可以发财的城市。干什么都可以赚钱，只要想点办法，再花点力气就可以赚钱。凭着乡下人对泥土的感情和认识，第二天，他在郊区装了十包含有沙子和树叶的土，以"花盆土"的名义，向不见泥土而又爱养花的上海人兜售。当天他在城郊间往返6次，净赚了50元钱。一年后，凭"花盆土"他竟然在大上海拥有了一间小小的门面。

在长年的走街串巷中，他又有一个新的发现，一些商店楼面亮丽而招牌较黑，一打听才知是清洗公司只负责洗楼不负责洗招牌的结果。他立即抓住这一空当，买了些人字梯、水桶和抹布，办起一个小型清洗公司，专门负责擦洗招牌。如今他的公司已有150多个打工仔，业务也由上海发展到杭州和南京。

前不久，他坐火车去北京考察清洗市场。在北京火车站，一个捡破烂的人把头伸进软卧车厢，向他要一只啤酒瓶。就在递瓶时，两人都愣住了，因为5年前，他们曾换过一次票……

在面临人生的选择的时候，一个人的思想会完全暴露出来。他可能乐观向上，积极进取，喜欢体现自己能力的生活方式；他也可能胆小怕事，消极悲观，看不到出路，而满脑子都是退路。正是这种选择，决定了他们将拥有一种怎样的人生历程。

人生是一种选择，个人形象也是一种选择。不一样的选择会有不一样的结果。你选择心情愉快，你得到的也是愉快，呈现在别人面前的也是一副快乐的形象。你选择心情不愉快，你得到的也是不愉快，当然给别人的也是一副不快乐的形象，甚至是悲观形象。我们都愿意快乐，不愿意不快乐。既然这样，我们为什么不选择愉快的心情呢？毕竟，我们无法控制每一件事情，但我们可以选择我们的心情。

心灵悄悄话

乐观两个字说起来很简单，但做起来并不是那么容易。首先，你必须要学会在逆境中发现光明。正如一位母亲告诉他的儿子一样，"天真的很黑的时候，星星就要出现了。"当你快乐时，周围的人受到你的感染，也乐得心情舒爽、开朗，自然喜欢与你亲近。

第三篇　开开心心过日子

用微笑来面对生活

生活中，我们如果能以真诚的微笑面对世人，人们就有一种如沐浴温暖阳光的感觉，感受的是生活中的真美善。当这个世界有好事发生的时候你应该微笑着去面对它，对人类的终极命运怀着深切的关怀。当微笑的心态始终占据你的大脑，你的大脑会搜寻好的事情，你就会发现好的机会。当你成天在为幸灾乐祸而高兴时，你总是从负面来获取恶意的快感，你的目光着眼点始终盯在社会的负面上，这样的话，你则是一个小人物的心态。

美国有个著名的影星，一次有个衣着破旧的女人哭着对她说："我的儿子约翰12岁了，住在医院里，急需3000美元的手术费，如果交不上这笔费用的话，他明天就会死。"这个影星立刻就拿了3000美金给这个女人。

第二天她的经纪人告诉她："告诉你一个不幸的消息，昨天那个女人是个骗子，根本就没有12岁的约翰住院那码事。"但是这个影星却微笑着对她的经纪人说："这不是一件好事吗？没有一个小男孩面临死亡这不是一件好事吗？"

当你的人生达到一定境界的时候，你也会有这种为好事好人而微笑的心态。

一位来自中东产油国的富翁，他来到一艘展览的大船旁对站在他面前的推销员说："我想买艘汽船。"这对推销员来说，可是求之不得的好事。那位推销员很周到地接待了富翁，只是他脸上冷冰冰的，没有一丝笑容。

那位富翁看到推销员那张没有笑容的脸似乎藏有什么心机，便不动声色地走开了。

他继续参观，来到另一艘陈列的船前，这次他受到了一位年轻推销员的热情招待。年轻推销员脸上始终挂满了欢迎的笑容，那微笑像太阳一样灿烂，使富翁有宾至如归的感觉，所以，他又一次说："我想买艘汽船。"

"没问题。"推销员脸上带着微笑答道，"我会为你介绍我们的产品。"

这位富翁马上交了定金，并且对推销员说："我喜欢人们表现出一种他们非常喜欢我的样子，现在你已经用微笑给我表现出来了。在这次展览会上，你是唯一让我感到我是受欢迎的人。"

微笑虽然无声，但它代表着一种认可、一种接纳，它缩短了人们彼此之间的距离，能使彼此更易沟通。喜欢运用微笑的人能够很容易走入别人的心扉。

不管是男人还是女人，人们的心胸都应该宽广一些，正如俗话说的"大度宽容，疑惑自消"。其实，现实生活中，无论是对待家庭、工作与其他事情，只要宽容，不疑神疑鬼，就会减少很多的烦恼。越是心胸狭窄，越是斤斤计较，越是小肚鸡肠，越会使自己陷入难堪的境地，到头来吃亏的还是你自己。

第一次登陆月球的太空人，其实共有两位，除了大家所熟知的阿姆斯特朗外，还有一位是奥德伦。当时阿姆斯特朗所说的一句话是："我个人的一小步，是全人类的一大步。"这早已是全世界家喻户晓的名言。在庆祝登陆月球成功的记者会中，有一个记者突然问奥德伦一

个很特别的问题：

"由阿姆斯特朗先下去，成为登陆月球的第一个人，你会不会觉得有点遗憾？"

在全场有点尴尬的注目下，奥德伦很有风度地回答：

"各位，千万别忘了，回到地球时，我可是最先出太空舱的。"他环顾四周笑着说，"所以我是由别的星球来到地球的第一个人。"

大家在笑声中，都给予他最热烈的掌声。

生命中没有导演，也不会有彩排，那么我们就做好自己的编剧吧，人生路上那些风和日丽就编成配乐诗歌吧，那些爱情、友情、亲情就编成优美的散文吧，那些坎坷和困难就编成小说吧……微笑着生活，会让你的生活如诗，让你的人生像山间的溪水一样，欢快悠闲又充满诗意。

今天，你微笑了吗？无论走到哪里，我们都要给自己，也给别人一个微笑，把心中的爱尽力播撒到世界每一个角落，因为这个和谐的世界需要微笑，更需要爱。

心灵悄悄话

微笑具有神奇的力量和作用，我们要学会对别人施以真诚的微笑，利用它来调节我们自身，让我们得到一些快乐，也使别人得到一些快乐。让微笑产生积极的带动作用，使我们的生活更加愉悦的同时，一步步走向人生的成功。

快乐来源于你对生活的态度

在生活中，每一个人都应该多一些快乐和满足，不要因为一时的挫折和烦恼，便将自己所有的希望和好心情埋没。我们要看到事物光明的一面，并时刻准备着扭转败局走向成功。人生的一个共同目标就是要快乐，就像我们小时候读到的童话故事一样，大部分的人都希望从此以后过着幸福快乐的日子，他们不要别的，只要享受快乐。

一个少妇投河自尽，被正在河中划船的老艄公救上了船。

艄公问："你年纪轻轻的，为何寻短见？"少妇哭诉道："我结婚两年，丈夫就遗弃了我，接着孩子又不幸病死。你说，我活着还有什么乐趣？"艄公又问："两年前你是怎么过的？"少妇说："那时候我自由自在，无忧无虑。""那时你有丈夫和孩子吗？""没有。"

"那么，你不过是被命运之船送回到了两年前，现在你又自由自在，无忧无虑了。"少妇听了艄公的话，心里顿时敞亮了，便告别艄公，轻轻松松地跳上了岸。

如果我们每个人都能像艄公那样分析问题，那么我们每个人都会成为乐观的人，心灵开放的人，拥有快乐生活的人。

世上的事物往往有其对立的一面，悲苦常生自欢乐，衰败常生自昌盛，因此才有"苦是乐的种子，乐是苦的根源"等说法。因此，我们要争做生活的乐观者，也只有乐观的人才能处处受到欢迎，因为他们不仅自己快乐，还能给别人带来快乐。

罗森在一家夜总会里吹萨克斯，收入不高，然而，却总是乐呵呵的，对什么事都表现出乐观的态度。他常说："太阳落了，还会升起来，太阳升起来，也会落下去，这就是生活。"

罗森很爱车，但是凭他的收入想买车是不可能的，与朋友们在一起的时候，他总是说：要是有一部车该多好。眼中充满了无限向往。有人逗他说："你去买彩票吧，中了奖就有车了。"

于是他买了两块钱彩票，可能是上天优待于他，罗森凭着两块钱的一张体育彩票，果真中了个大奖。罗森终于如愿以偿，他用奖金买了一辆车，整天开着车兜风，夜总会也去得少了，人们经常看见他吹着口哨在林荫道上行驶，车也总是擦得一尘不染。然而有一天，罗森把车停在楼下，半小时后下楼，发现车被盗了。朋友们得知消息，想到他那么爱车如命，几万块钱买的车眨眼工夫就没了，都担心他受不了这个打击，便相约来安慰他：罗森，车丢了，你千万不要太悲伤啊！罗森大笑起来，说道："嘿，我为什么要悲伤啊？"朋友们疑惑地互相望着。"如果你们谁不小心丢了两块钱，会悲伤吗？""当然不会！"有人说。"是啊，我丢的就是两块钱啊！"罗森笑道。

人生不可能事事如意，拥有和失去是人生常有的事情。有得必有失，有失必有得。因此，在生活中我们要学会善待自己，用乐观的心态去对待生活、对待自己。

心灵悄悄话

用良好的心态对待得失，得到，本是一种快乐，但是，在得到的同时，你肯定也失去了很多。当你把得失想明白了，想透彻了，就会觉得轻松、快乐，就是善待自己。

你有权利选择快乐

一位哲学家说过："决定自己心情的，不在于周围的环境，而在于自己的心境"。同样的，快乐与不快乐，不是由别人决定的，而只是自己的一种选择。只要我们愿意选择快乐，我们就会快乐，人生就是这么简单。

宋朝大文学家苏东坡有一个好朋友名叫佛印，是禅师。一天，两人在杭州游览，苏东坡看到一座峻峭的山峰，就问佛印："这是什么山呢？"佛印如实回答："这是飞来峰。"

苏东坡反问："既然飞来了，为何不飞回去？"佛印很机灵地说："一动不如一静。"

东坡寻根问底："为什么要静呢？"佛印马上说："既来之，则安之。"后来，两人又来到了天竺寺，见寺内的观音菩萨手里拿着念珠，苏东坡问佛印："观音菩萨既然也是佛，为什么还拿念珠呢？"佛印说："观音拿念珠也还是为了念佛号嘛。"东坡追问："念什么佛号？"

佛印说："念'观世音菩萨'。"东坡又问："自己是观音，为什么还念自己的佛号呢？"

佛印回答："因为'求人不如求己'呀！"

苏东坡听完大笑，感悟到了很多东西。

苏东坡一生几起几落，有荣耀，也有坎坷，可是依然很快乐，是不是与佛印有关呢？观音菩萨念"观音"——求人不如求己。快乐

也是这样，只有从自己的身上寻找，才能最终发现并获得快乐的情绪，否则必然是缘木求鱼，不可能获得真正的快乐。

有人说过，快乐是自己选的，烦恼是自己找的，所以说只要我们愿意选择快乐，那么就一定是快乐的。

甲、乙、丙、丁是四个幸运的年轻人，他们得到上帝的垂青，可以搭上"愿望列车"，任意选择自己的将来。"愿望列车"有四个停靠站，分别是金钱站、亲情站、权力站、健康站。甲、乙、丙、丁可以选择在任何一个车站下车。他们选择了哪个停靠站，经过努力后，在这方面的发展会特别的顺利，而其他方面则会相对差一些。于是，四个人带着自己的追求作出了选择。甲在"金钱站"下了车，乙在"亲情站"下了车，丙在"权力站"下了车，丁在"健康站"下了车。

30年过去了，甲、乙、丙、丁四人不约而同地来找上帝倾诉自己的遗憾。甲说："谢谢上帝，我现在非常有钱，富可敌国。可是年轻时为了挣钱，我透支了青春，现在身体总有这样那样的疾病；常年经商在外，冷落了妻子，她离我而去，也疏忽了对儿子的管教，儿子好吃懒做，成了扶不起的阿斗。我觉得很不幸，能否用我的钱把这些幸福买回来？"

乙说："我很幸福，父母长寿，妻子贤惠，儿女孝顺，一个和谐美满的家庭。可我的烦恼也挺多，父母至今还没有外出旅游过，妻子还没有享受过戴钻戒的快乐，儿女单位不是很好，而且他们结婚、买房还欠了很多钱。我能用亲情换些金钱和权力吗？让家人更加幸福。"

丙说："我有许多权力，人家当面说的是赞美、讨好的话；背后却是恶语谩骂。别人请吃饭，不去不行，因为他们说你有点权力就摆谱。坚持原则办事，亲戚说你六亲不认，朋友说你不讲义气；徇私舞弊，心里不踏实，最后又会进监狱。我多想有健康和亲情呀！"

丁说："我身体健康，从没有去过医院，别人都非常地美慕。可

我的妻子却说我不求上进，不懂得拼命，没有魄力，像一头猪一样活着，永远也过不上开私家车、住别墅的生活。为此，我常常烦恼。我能不能用我的健康换些钱和权力呢？"

上帝看了看四人，指了指天空自由飞翔的小鸟，又指了指笼中欢快跳跃的小鸟说："人其实就像小鸟，天空小鸟的快乐，在于它选择了自由，它选择了与生活中的困难作斗争，在于它自己对艰辛独特的品位。笼中小鸟的快乐，在于它选择了丰衣足食，它轻松安逸地在笼子里生活着，在于它有自己的一种自由感悟。快乐源于选择，快乐源于如何看待自己的选择。"

快乐与不快乐并不是绝对的，它取决于我们的意念，就像故事中的四个人一样，即使他们各自拥有了金钱、亲情、权力、健康这些最美好的东西，他们也并不快乐，因为他们都把目光投向了自己没有的东西上，因而对生活充满了忧虑，所以他们永远不会快乐和幸福。

一个小村子里，也许是因为流年不利，经常发生天灾人祸，村民们因此浮躁不安，终日闷闷不乐……

一天，村长召唤来一位精壮的小伙子，吩咐道："听说终南山一带出产一种快乐藤，凡得此藤的人都会喜形于色，不知烦恼。你快去采些回来吧。"备足干粮，配齐鞍辔，小伙子策马扬鞭，朝终南山飞驰而去。小伙子日夜兼程，一路上跋山涉水，历尽艰苦，终于到了终南山麓。那儿果真是水沛草美，小伙子也顾不上欣赏美景，因为他知道全村人都在眼巴巴地等着他带回快乐藤。他找啊找，终于发现了一处藤萝缠绕的小屋，里面有位老师傅，他身穿布衣，脸上却丝毫没有怨言，野菜果腹而无悔，仍面挂喜色，不知疲倦地工作着。

小伙子很恭敬地上前问："师傅，这些藤能够让您感到快乐吗？"

"是的。"

"能不能送给我呢？"

"行。不过，获得快乐，不能只凭几株藤萝的根，最重要的是具备快乐的根。"

一个人是不是快乐，关键在于自己是不是感到了快乐，而不是别的任何东西。

有这样一个故事，说的是北京的香山上有一座小庙，庙前有一株古榕树。

一天清晨，一个小和尚打扫庭院，突然发现古榕树下落叶满地，他不禁望树兴叹，忧从心来。忧至极处，便丢下笤帚来到师父的堂前，叩门求见。

师父闻声开门，看见徒弟愁容满面，以为发生了什么事，急忙询问："徒儿，大清早为何事如此忧愁？"

小和尚满脸困惑地说："师父，您日夜教导我们勤于修身悟道，但是即使学得再好，也难免有死亡的一天。那时候，所谓的我，所谓的道，不都如这秋天的落叶，冬天的枯枝，随着一抔黄土，一堆青冢掩埋了吗？"

老和尚听后，带着小和尚来到榕树下，指着古榕树对小和尚说："徒儿，不必为此忧虑。其实，秋天的落叶和冬天的枯枝，在秋风刮得最急的时候，在冬雪落得最密的时候，都悄悄地爬回了树上，孕育成春天的花和夏天的叶。"

"那我怎么没有看见呢？"

"那是因为你心中无景，所以看不到花开。"

获得快乐，应该善于发现快乐，构建快乐的环境，欣赏快乐的风光。很多时候，一个人并不是没有快乐的环境、缺少快乐的风光，而是没有寻找快乐的方法和技巧。

在一座漂亮的两层小楼里，一位8岁的小女孩正趴在窗口流泪，原来，她正在看别人在小花园的角落里，埋葬自己心爱的宠物小狗。

因此，她泪流满面，悲恸不已。他的祖父看见这种情况，马上走过来把小女孩领到另一个窗口。从这个窗口往花园里看，一朵朵玫瑰鲜艳夺目，令人心旷神怡。小女孩心中的愁云很快就一扫而光，心里逐渐明朗起来，明亮的眼光、恬恬的笑靥，充分地表现出那掩盖不住的快乐。祖父说："宝贝儿，你刚才开错了窗口！现在不是很好吗？"

的确，世间万物不可能都是完美无缺的，也不可能时时处处都是阳光灿烂，花好月圆。所以，我们要掌握自己的情绪，有所选择地去开启自己面前的那扇窗户，千万不要让不好的景色扰乱了自己的好心情。

心灵悄悄话

生活中，任何人都有权利去选择属于自己的那份快乐。那么，快乐究竟如何选择，它是从哪里来的呢？快乐的钥匙掌握在自己的手里！从自己的心中来！快乐到处都有，就看你会不会寻找。想要自得其乐，就应该在日常生活中，尽量培养自己的兴趣和爱好，自寻快乐。

第三篇　开开心心过日子

快乐操之在我

快乐是自己的事情，只要愿意，你可以随时调换手中的遥控器，将心灵的视窗调整到快乐频道，因为快乐只是你的一种好心境。

快乐是什么？快乐只是你的一种内心感受，它取决于你的心态。快乐有时就像在天上飞的风筝一样，虽然有时你看不见它，但是线在你手中，它不会飞远，只要你愿意，快乐就会随时围绕着你，直到永远。拥有了一颗快乐的心，你就会明白，快乐是无处不在的。

一位朋友讲过他的一次经历：

一天下班后我乘中巴回家。车上的人很多，过道上站满了人。站在我面前的是两位姑娘，她们亲热地相挽着，其中一个背对着我，女孩的背影看上去很标致，高挑、匀称、活力四射，她的头发是染过的，是最时髦的金黄色，她穿着一条今夏最流行的吊带裙，露出香肩，是一个典型的都市女孩，时尚、前卫、性感。她们靠得很近，低声絮语着什么。这位高个子女孩不时发出欢快笑声，笑声不加节制，好像是在向车上的人挑衅：你看，我比你们快乐得多！笑声引得许多人把目光投向她们，大家的目光里似乎有艳羡，不，我发觉到他们的眼神里还有一种惊讶，难道女孩美得让人吃惊？我也有一种冲动，我想看看女孩的脸，看那张倾城的脸上洋溢着幸福会是一种什么样子。但女孩一直没有回头。

后来，她们大概聊到了电影《泰坦尼克号》，这时那女孩便轻轻地哼起了那首主题歌，女孩的嗓音很美，把那首缠绵悱恻的歌唱得很到位，虽然只是随便哼哼，却有一番特别动人的力量。我想，只有感觉足够幸福和自信的人，才会在人群里肆无忌惮地欢歌。这样想来，便觉得心里酸酸的，像我这样从内到外都极为黯淡的人，何时才会有这样旁若无人的欢乐歌声？

很巧，我和那两位姑娘在同一站下了车，这使我有机会看看女孩的脸，我的心里有些紧张，不知道自己将看到一个多么令人悦目的绝色美人。可就在我大步流星地赶上她们并回头观望时，我惊呆了，我也理解了片刻之前车上的人那种惊诧的眼睛。我看到的是张什么样的脸呀！那是一张被严重烧坏了的脸，用"触目惊心"这个词来形容毫不夸张！真搞不清，这样的女孩居然会有那么快乐的心境。上帝真是公平的，他在把霉运给了那个女孩的同时，也把好心情给了她！

实际上，掌控你心灵的，并不是上帝，而是你自己。我们每个人都应该牢牢地记住这句话，每个人的手里都握着关系成败与哀乐的大权。世界上没有绝对幸福的人，只有不肯快乐的心。

你是否能够对准自己的心下达命令呢？假如你生气时就生气，懒惰时就偷懒，悲伤时就悲伤，这些只不过是顺其自然，并不是好的现象。你必须掌握好自己的心舵，下达命令，来支配自己的命运，操纵自己的快乐。

心灵悄悄话

善良是仁者的底气。仁者的善良是能容下无端的伤害和浅陋的狂妄，他的谦卑融于忍耐之中，他的虚怀嵌入慈悲之间。

调适自己的情绪

　　人们都愿意处于欢乐和幸福之中。然而，生活是错综复杂、千变万化的，并且经常发生祸不单行的事。频繁而持久地处于扫兴、生气、苦闷和悲哀之中的人必然会有健康问题，甚至减损寿命。别和自己过不去，必须学会调适自己的情绪。

　　我们常常会逗泪眼汪汪的孩子说"笑一笑呀"，结果孩子勉强地笑了笑之后，跟着就真的开心起来了。情绪改变导致行为改变。心理学家艾克曼的实验表明，一个人总是想象自己进入某种情境，感受某种情绪，结果这种情绪十之八九真的会到来。一个故意装作愤怒的实验者，由于"角色"的影响，他的心率和体温会上升。

　　一位初涉歌坛的歌手寄出自制的录音带给某位非常著名的制作人后，就日夜守候在电话机旁等候回音。

　　第一天，因为他满怀期望，所以情绪好极了，逢人就大谈抱负。第十七天，他因为情况不明，所以情绪起伏，胡乱骂人。第三十七天，他因为前程未卜，所以情绪低落，闷不吭声。第五十七天，他因为期望落空，所以情绪坏透了，拿起电话就骂人。没想到电话正是那位制作人打来的。为此他自毁了期望，自断了前程。

　　人不会永远都有好情绪，但情绪是可以调适的。只要你随时提醒自己、鼓励自己，你就能让自己常常有好情绪，从而使坏情绪不常来打扰你。那么，我们应如何调适情绪呢？

1. 转移情绪。人生的道路崎岖不平，难免有挫折和失误，也少不了烦恼和苦闷。此时此刻，应迅速把注意力转移到别的方面去。比如说，碰到不顺心的事情或在家中与亲属发生争吵，不妨暂时离开一下现场，换个环境，或者参加一些文体活动，或者同别人去侃大山。这样很快就会把原来的不良情绪冲淡以至赶走，而重新恢复心情的平静和稳定。

2. 宽以待人。人与人之间难免会产生矛盾，朋友之间也难免有争吵、有纠葛。只要不是大的原则问题，应该与人为善，宽大为怀。绝不能有理不让人，无理争三分，更不要为一些鸡毛蒜皮的小事争得脸红脖子粗，甚至拳脚相加，伤了和气。

3. 忆乐忘忧。在人生的旅途中，有时铺满鲜花，有时忧心如焚，有时荆棘丛生，有时其乐融融。对此应进行精心的筛选，不能让那些悲哀、凄凉、恐惧、忧虑、彷徨的心境困扰着我们。对那些幸福、美好、快乐的往事要常常回忆，以便在心中泛起层层涟漪，激发人们去开拓未来；而对那些不愉快的事情，诸多的烦恼则尽量要从头脑中抹掉，切不可让阴影笼罩心头，而失去前进的动力。

4. 淡泊名利。生活中有很多人把名利看得很重，得陇望蜀，欲壑难填，财迷心窍，官瘾十足。有的人为了名利，不择手段，一旦个人目的没达到，或者耿耿于怀，疑窦丛生；或者心事重重，一蹶不振。不要斤斤计较，更不要把名利看得太重，否则，容易导致心理失衡。

5. 憧憬未来。追求美好的未来是人的天性，也是人类生存和社会进步的动力。只有经常憧憬美好的未来，才能始终保持奋发进取的精神状态。不管现实如何残酷，都应该始终相信困难即将克服，曙光就在前头，相信未来会更加美好。不管命运把自己抛向何方，都应该泰然处之。

6. 拓宽兴趣。兴趣是保护人们良好心理状态的重要条件。一个人的兴趣越广泛，适应能力就越强，心理压力就越小。比如，同样是从领导岗位上退下来，有的人觉得无所事事，很容易产生无用、被遗弃

等失落感。而有的人则觉得退下来后无官一身轻，可以充分利用这些时间看书、写字、创作、绘画、弹琴、舞剑、养鸟、钓鱼、种花等。总之，兴趣越广泛，生活越丰富、越充实、越有活力，你会觉得生活中到处充满阳光。

7.向人倾诉。心情不快却闷着不说会闷出病来，有了苦闷应学会向人倾诉。首先可以向朋友倾诉，这就需要先学会广交朋友。如果经常防范着别人的"侵害"而不交朋友，也就无愉快可谈。如果没有朋友，不仅遇到难事无人相助，也无法找到可一吐为快的对象。把心中的苦处能和盘倒给知心人并能得到安慰的人，心胸自然会像打开了一扇门一样明朗。除此之外，我们可以向亲人倾诉，学会把心中的委屈和不快倾诉给他们，也常会使心境立即由阴转晴。

除此之外，还要经常锻炼身体，合理饮食，养成良好的生活习惯，这些对于调适自己的情绪也是至关重要的。坏情绪会来，也会去，没什么了不起的，也没什么值得恐慌的。轻松地面对它、接纳它，它会感谢你的盛情，不再打扰你。

心灵悄悄话

谦虚的人，因为看得透，所以不躁；因为想得远，所以不妄；因为站得高，所以不傲；因为行得正，所以不惧。这样的人，才称得上是谦虚的人。

慷慨地"及时行乐"

美丽的东西只有在用的时候，才能更见其光华。因此，要把光鲜穿在身上，写在脸上，用在生活的琐琐碎碎中，让日子发亮。

在美国的宾夕法尼亚州有一位布朗夫人，她在一家银行里存有3140万美元。但是，由于她没能按照自己的意愿及时找到一家免费诊疗所为她的儿子治疗，致使她唯一的儿子截断了双腿。为了避免一些额外的开支，她常常吃冷麦片。后来，她在一次争论脱脂牛奶的质量时死去，当时她的财产已增到九亿五千万美元。

我们不能不说布朗夫人的遭遇是人生的一大悲哀。在生活中，许多人对待自己太"狠"，他们即使很有钱，也舍不得吃穿用，当然不是浪费的那种吃穿用，等他们老了的时候，再想好好吃穿用，已经力不从心了；他们不知节制地抽烟喝酒，根本不拿自己的健康当回事，等病发的时候才知道后悔……这样的人我们随处可见。那么，我们是不是应该反思一下自己？你是否曾经也这样对待过自己？

或许，你经常去超市买一堆食品，放在冰箱里就忘了吃，直到它过了保存期限，发出难闻的味道，才会发觉错过了食物的保存期限；或许，你曾经买了一件很喜欢的衣服却不舍得穿，隆重地供奉在衣柜里。一段时间之后，当你再看见它的时候，却发现它的样式已经过时了。这些美丽只能留在衣橱里，留在记忆里，流逝的青春，反而没能因此更添光彩。

因此，你就这样错过了生命中很多美好的东西。没有在最流行的时候穿上自己喜欢的衣服，没有在食物最可口的时候品尝它的滋味，就像没有在最适当的时候去做的事情，想起来，都是人生的一种遗憾。

人们因为"舍不得"会造成很多的浪费。美丽的衣服不穿它，多放几年，身材变形走样，衣服再美丽也是枉然，只能增加叹息而已。美丽的东西不用它，平白冷落，便是糟蹋。人生就像是一张支票，是有期限的。很多东西生不带来死不带去，如果不在规定的期限内使用，你将再也没有机会了。因此不要给你的享乐设定条件，与其等着死后白白地浪费掉，还不如开开心心地享受一次。

人生苦短，不要忘了及时行乐。在为了事业打拼的同时，想想自己到底是为了什么而努力，不是为了票子、车子、房子而努力，而是为了生活得更好才努力去挣票子、车子和房子的。不管人生是长还是短，只要当我们的生命走到终点时，不要留下任何遗憾，希望那时我们可以很满足地对所有人说："我努力过，我也享受过，我的人生没有任何遗憾。"

人生变幻无常，就如玩大富翁棋一样，走到问号那一格，谁会知道能够抽到一张什么样的命运牌呢？要知道，美丽的东西只有在用的时候，才能更见其光华。因此，人生在世，不要想得太多，想做就做，想吃就吃，想爱就爱，学会慷慨地及时行乐吧！

心灵悄悄话

释迦牟尼曾说过："妥善调整过的自己，比世上任何君王更加尊贵。"这也就是说，妥善调整自己比什么都重要。任何时候你都必须勇敢地掌握好自己的心舵，把自己调整得明朗、愉快、欢乐而有希望。

淡泊名利，知足常乐

过分自满，不如适可而止；锋芒太露，势必难保长久；金玉满堂，往往无法永远拥有；富贵而骄奢，必定自取灭亡。而功成名就，急流勇退，将一切名利都抛开，这样才合乎自然法则。

在日常生活中，很多时候，我们都不愿放弃对权力与金钱的追逐，依旧固执地不肯放下已经过去很久的往事……于是，我们只能用生命作为代价，透支着健康与年华；然而当我们得到一些自认为很珍贵的东西时，不知有多少与生命休戚相关的美丽像沙子一样在指间溜走，但我们却很少去思忖：掌中所握的生命的沙子，数量是非常有限的，一旦失去，便再也无法捞回来了。

古往今来，不知有多少人因贪婪而身败名裂，甚至招致杀身之祸，驱使他们做出种种抉择的动力就是不可控制的贪欲，也因他们缺少了一种放松生活、开朗热情的良好品质。

清朝开国初期，摄政王多尔衮，为人非常贪婪，他一生为了追名逐利，争权夺势而不能自拔。

多尔衮对于皇权之争真可谓煞费苦心，六亲不认。他的哥哥皇太极去世后，虽然已确立其子福临（即顺治）为帝，但多尔衮欲篡夺皇位的野心丝毫没有消减。孝庄文太后为了稳住与抚慰多尔衮贪婪之心，让其儿子顺治帝封多尔衮为皇叔摄政王。但是，这并没有使多尔衮对孝庄文太后母子的这一恩赐买账。他一面在暗地里制作龙冠、龙袍，以备伺机谋篡夺位；另一面指使苏克萨哈、穆济伦等近侍策划

"加封皇叔父摄政王为皇父摄政王，凡进呈本章旨意，俱书皇父摄政王"。在清朝众多的摄政、辅政王中，仅此一人称"皇父摄政王"的尊号与殊荣。对此，不只是当朝文武诸臣大惑不解，就连友邦也深感费解，引起一些议论与猜测，乃至朝鲜国王说："实际上就是两个皇帝了。"

多尔衮随着权力的剧增，贪婪的胃口也日益增大。极尽追名逐利之能事，把福临之所以能登上大宝的功劳视为己有，把各王公在入主中原前后的战功也尽归于己。

由于多尔衮贪得无厌、利欲熏心，依仗他的权势恣意横行，天人共怒。正所谓利深祸速，他去世不足半月，顺治帝就一反常态地向皇父多尔衮大肆施以夺权之举：先命手下大学士等朝臣闯进摄政王府悉缴信符之类尽入内库；继而又派吏部侍郎索洪等人把赏功册夺回大内；在把多尔衮十数款罪状公布于世之后，就"将伊母子并妻所得封典，悉行追夺。诏令削爵，财产入官，平毁墓葬"。

一般贪婪自私的人目光如豆，只看得见眼前的利益，看不见身边隐藏的危机，也看不见自己生活的方向。人如果贪欲越多，往往是生活在日益加剧的痛苦中，一旦欲望获得满足，他们仍然会失去正确的人生目标，陷入对蝇头小利的追逐；还有一些人好贪小便宜，却因此而吃了大亏，这就是所谓的"知足之人永不穷，不知足之人永不富"。

在这个世界上，大多是那些懂得知足常乐的人生活得更为幸福。这是因为，一个具有开朗热情性格的人，通常在生活中懂得知足常乐、平淡是福，能够笑看输赢得失，当放则放。

有了一颗知足的心，人才会有真正的宁静、真正的喜悦、真正的幸福。知足常乐，是一种与世无争而又安于平凡的心境，也是一种不经意间的幸福。

知足可以理解为：别人的钱比自己多，我不嫉妒，钱少可以俭朴点、量入为出；别人有花园洋房、名牌时装，我不羡慕，房小可以安排得紧凑点，照样收拾得窗明几净，衣服穿不起名牌，青衣布衫也舒适；别人吃山珍海味，我不眼馋，粗茶淡饭也照样吃得健康结实，并且同样香甜。

常乐可以理解为：有一位爱自己的配偶，也许是一个最普通的人，没有权钱与容貌，但有一份真挚的爱情比什么都珍贵。有一份糊口的工作，虽然薪水不高，但能维持日常的生活，想想也欣慰。还有孩子，也许学习成绩平平，但身体健康，活泼可爱……这些难道说不是乐事吗？实际上，如果你仔细想想，就会发现身边的乐事数也数不清。这是多数人的一种最实际的生活。

真正的喜悦不是每天都追求到了什么，而是每天都怀有一颗满足的心愉快地生活。满足的秘诀，在于知道如何享受自己所有的，并能驱除自己能力之外的物欲。既然"遍地黄金"的日子还没有到来，既然我们都是普通人，那么，其他就显得无足轻重，还是脚踏实地、安心地过平民百姓的生活。知足者常乐！

如果能闭上眼睛想想自己的生活，我们就会觉得自己拥有得太多了。但假如我们不懂得珍惜已经拥有的东西，得到的再多又有什么意义？

从前，有一个樵夫，靠每天上山砍柴为生，日复一日地过着平凡的日子。

有一天，樵夫跟往常一样上山去砍柴，在路上捡到一只受伤的银鸟，银鸟全身包裹着闪闪发光的银色羽毛。樵夫欣喜地说："啊！我一辈子从来没有看过这么漂亮的鸟！"于是把银鸟带回家，专心替银鸟疗伤。

在疗伤的日子里，银鸟每天唱歌给樵夫听，樵夫过着快乐的日子。

有一天，有个人看到樵夫的银鸟，告诉樵夫他看过金鸟，金鸟比银鸟漂亮上千倍，而且，歌也唱得比银鸟更好听。樵夫想，原来还有

金鸟啊！

从此，樵夫每天只想着金鸟，也不再仔细聆听银鸟清脆的歌声，日子越来越不快乐。

一天，樵夫坐在门外，望着金黄的夕阳，想着金鸟到底有多美。此时，银鸟的伤已经康复，准备离去。银鸟飞到樵夫的身旁，最后一次唱歌给樵夫听，樵夫听完，只是感慨地说："你的羽毛虽然很漂亮，但是比不上金鸟的美丽，你的歌声虽然好听，但是比不上金鸟的动听。"

银鸟唱完歌，在樵夫身旁绕了3圈告别，向金黄的夕阳飞去。

樵夫望着银鸟，突然发现银鸟在夕阳的照射下，变成了美丽的金鸟。梦寐以求的金鸟，就在那里，只是，金鸟已经飞走了，飞得远远的，再也不会回来。

人往往在不知不觉之中成了樵夫，自己却不知道原来金鸟就在自己身边。只希望大家都不要无意间变成了樵夫。

有的人总是过多地考虑自己的利害得失，结果总是跟在成功者的后面跑来跑去，两手空空地走完了自己的一生。知足者能够认识到无止境的痛苦和欲望。由于人太贪婪了，欲望太强了，而其自身的能力又有限，这样必然会导致自己应有的下场。

你越是拒绝在你现状中寻求可以令你满意的事物，你的不满就会持续得越久。你愈不满，就愈沮丧，愈乞求于期望、憧憬。与其埋怨你目前的处境，倒不如珍惜目前所拥有的一切，愉快地过平常人的生活。

"知足者常乐"，这是人们通常说服自己求得心理平衡的道理，也是糊涂修身的原则之一。老子也说："知足之足，常足矣。"

知足是快乐的重要条件。著名心理学家多易居说：佛家早就看出，人类不快乐的最大原因是欲望得不到满足与期望不得实现。而美国文化培养出来的普拉格则详细区分"欲望"与"期望"，他说，虽

然欲望也许有时会影响快乐，却是"美好人生"不可缺少和无法消除的成分；期望则是另一回事，例如，我们期望健康，但得付出代价。

普拉格举例说，某一天你发现身上长了个瘤，你忐忑不安地去找医师检查。一个礼拜后，当听到诊断结果是良性瘤时，你会感到这一天是你一生中最快乐的一天。

人活一生，人人都想生活得更美好，人们总会在各种可能的条件下，选择那种能为自己带来较多幸福或满足的活法。所以，除了追求名利外，人生还有另一种活法，那就是甘愿做个淡泊名利之人，粗茶淡饭，布衣短衫，以冷眼洞察社会，静观人生百态，这样，就能品出生命的美好，享受到生活的快感。过分看重名利，你就会整日绷紧神经，心浮气躁，甚至茶饭不香，活得很累。

有的人既不求发财，也不求升官，每天上班安分守己做好本职工作，下班按时回家，每个月领着不算多但还算说得过去的一份薪水，晚上陪爱人在家里看看电视，周末带孩子逛逛公园，年轻的时候打打篮球，年纪大了练练太极拳，不上火，不生气，知足常乐，长命百岁。这样的人生可能看起来有些"平庸"，但其中的那份"闲适"给人带来的满足，也是那些整日奔波劳累、费心劳神追求功名利禄之人所体会不到的。

从一定意义上讲功成名就并不难，只要用勤奋和辛劳就可以换取，就是需要把别人喝咖啡的时间都用来拼搏。就一般情况来说，你多得一份功名利禄，就会少得一份轻松悠闲。而一切名利，都会像过眼烟云，终究会逝去，人生最重要的，还是一个温馨的家和脚下一片坚实的土地。

世界著名小说家玛格丽特·米契尔说过："直到你失去了名誉以后，你才会知道这玩意儿有多累赘，才会知道真正的自由是什么。"名誉之下，是一颗活得很累的心，因为它只是在为别人而活着。我们常常羡慕那些名人的风光，但我们是否了解他们的苦衷？其实每个人都一样，希望能活出自我，能活出自我的人生才更有意义。

自 谦

桂冠、金钱，人世间许许多多的诱惑，那不过只是身外之物，只有生命最美，快乐最贵。我们要想活得潇洒自在，要想过得幸福快乐，就必须做到：学会淡泊名利享受、割断权与利的联系，无官不去争，有官不去斗；位低不自卑，位高不自傲，欣然享受清心自在的美好时光，这样就会感受到生活的快乐和惬意。否则，过于看重权力和地位，让一生的快乐都毁在争权夺利中，那就太愚蠢，也太不值得了。

懂得以淡泊之心看待权力地位，乃是免遭厄运和痛苦的良方，也是得到人生快乐和幸福的智慧所在。

心灵悄悄话

生命是一种轮回，人生之旅，去日不远，来日无多，权与势，名与利……统统都是过眼烟云，只有淡泊才是人生的永恒。因此做任何事都要得意不忘形，失意不失态，遇到烦恼事拿得起，放得下，想得开，淡泊为怀，知足而且常乐。

第四篇 >>>
有梦想谁都了不起

选择决定人的生活方式。能否掌握成功的关键，就在于你是否用积极的想法主宰自己。有决心去实现梦想，才有力量去奋斗，放飞梦想就是让梦想插上翅膀，展翅翱翔。一个人的梦想决定着他的思路与出路，还决定着他未来的成功与失败。

人类千百年的劳动经验积累推动了科学技术向前发展，然而，我们惊奇地发现，在科学技术的每一个突破口，人类的梦想都发挥着至关重要的作用。放飞心中的梦想，勇敢追逐，时刻激励自己奋进。只要有梦，那么就没有什么困难能使你倒下。

别轻易放弃梦想

　　瑞典著名女演员英格丽·褒曼是继葛丽泰·嘉宝之后在好莱坞及国际影坛大放光芒的另一位瑞典巨星。18岁那年，英格丽·褒曼就梦想在戏剧界成名，但是，她的监护人奥图叔叔却要她放弃不切实际的幻想，而是去当一名售货员或者秘书。为此两人争执不下，奥图叔叔只好答应给她一次参加皇家戏剧学校考试的机会。如果考不上的话，就必须服从自己的安排。

　　为了能考上皇家戏剧学校，英格丽·褒曼着实费了一番心思。她为自己精心准备了一个小品，表演一个快乐的农家少女，逗弄一个农村小伙子。剧中，褒曼比小伙子还胆大，跳过小溪向他走去，手叉着腰，朝着他哈哈大笑，她一遍一遍地排练这个小品。

　　考试的时候，英格丽·褒曼全神贯注地进行表演，却无意间发现评判员们正在聊天，相互大声谈论着，并且比画着。见此情景，英格丽·褒曼非常失望，连台词也忘掉了。她还听到评审团主席对她说："停止吧！谢谢你……小姐，下一个，下一个请开始。"

　　英格丽·褒曼听到这话后彻底失望了，她好像什么人也看不见、什么也听不见，在舞台上待了30秒后匆匆下台。这时的褒曼心灰意冷，心中只想要自杀。

　　褒曼一个人站在河边，准备结束自己的生命，当她的目光投到河面上时，发现水是暗黑色的，发着油光，肮脏得很。此时她猛然想到的是，等她死了以后，别人把她拖上岸后身上会沾满脏兮兮的东西，而且她还得咽下那些脏水。她犹豫了："唔！这样不行。"于是就放弃

自 谦

——天地日月比人忙

了自杀的念头，回家去了。

第二天，邮递员给褒曼送去了装有录取书的白信封，让她大吃一惊。多年后，已成为明星的英格丽·褒曼碰见了那位评判员。闲聊之际，便问道："请告诉我，为什么在初试时你们对我那么不好？就因为你们不喜欢我，我曾经甚至想去自杀。""不喜欢你？"那位评判员瞪大眼睛望着她，"亲爱的姑娘，你真是疯了！就在你登上舞台的瞬间，站在那儿向我们微笑，我们就转身彼此互相说着：'好了，她被选中了，看看她是多么自信！看看她的台风！我们不需要再浪费一秒钟了，还有十几个人要测试呐！叫下一个吧！'"

人因梦想而伟大！敢梦想、敢拼搏的人生才是精彩的。勇敢追逐梦想，不要轻易放弃心中的希望，幸运女神终会来到你的身边。

曾经有人问一个非常成功的商人："你是怎样在有生之年取得这样的成就的呢？"

商人回答："做梦。我放飞自己的梦想，想象自己想要的东西。然后我就躺在床上，沉思自己的梦想。那个晚上，我就可以梦到自己的梦想。当第二天早上醒来，我就看到了通向梦想的路。当别人对我说：'你做不到，这不可能'，而我总是坚持实现自己梦想的路。"也正如美国第 28 届总统伍德罗·威尔逊所说："我们因为梦想而变得伟大，所有伟人都是梦想家。"有梦想就有希望，成功因为梦想而变得触手可及，人生也因此变得更加绚丽多姿。

心灵悄悄话

现实生活中，很多人的梦想随着岁月的流逝而消失，只有少数人敢于追求梦想，也只有这样的人才能真正实现梦想。所以，请不要放弃自己的梦想，勇敢追逐才不枉此生。

坚定信念，放飞梦想

放飞心中的梦想，勇敢追逐，时刻激励自己奋进。只要有梦，那么就没有什么困难能使你倒下。

人类千百年的劳动经验积累推动了科学技术向前发展，然而，我们惊奇地发现，在科学技术的每一个突破口，人类的梦想都发挥着至关重要的作用。

没有瓦特源自开水壶的梦想，就没有资本主义的蒸汽时代；没有富兰克林源自雷电的梦想，就没有现代社会的电器时代；没有人类对千里眼的梦想，牛顿就不可能去造望远镜；没有人类对顺风耳的梦想，贝尔也不可能在无数失败之后发明了电报电话。

为人类光明的梦想，爱迪生发明了灯泡，将1600多种耐热发光材料逐一地试验下来，1879年除夕，爱迪生电灯公司所在地洛帕克街灯火通明；为了缪斯女神和阿波罗游月的梦想，美国登月计划耗资近300亿美元，参加工程的有上百个科研机构，2万多家企业，历时10年。

人类的梦想犹如灯塔的光芒，给千百万生命带来了希望。人类对科学技术，对社会民主，对平等自由的梦想，结束了漫漫长夜，使人类摆脱野蛮而走向文明。

梦有两种，一种是我们无法掌控的梦，那个世界总是在我们睡着的时候向我们打开，另一种是我们自己在现实世界之外，给自己营造的一个美好的有可能实现的世界，那就是梦想。人类的历史就是在不断地放飞梦想，并实现梦想。只有这样，世界才会不停进步，变得更

加精彩。

放飞梦想，就是相信明天会更好，因为明天一切都是崭新的。在任何时候，我们都无法预测未来，但是我们要敢于梦想，并以此激励自己不断前行。

梦想是有力量的，"望梅止渴"的故事就是一个例证。那群士兵正口干舌燥的时候，听说前面有一片梅子林，一下子就充满了力量，一直向前，直到目的地，虽然他们没有看见梅子林，但是他们却走出了困境，到了安全和舒适的地方。假如当初曹操没有说前面有一片梅子林，那么那些士兵有可能就会丧失往前走的信心，就会放弃，那么等待他们的只有死亡。

有两个人穿越沙漠，水喝完了，一个因中暑而不能前进，同伴扶着他坚持要走出沙漠，中暑者却对自己失去了生存下来的希望，将子弹送入了太阳穴，同伴始料不及，只能忍痛将他埋入黄沙，独自前进，最终他走出了沙漠。有人怀疑我是在编故事，我只能说信不信由你。同学们，穿越浩瀚的沙漠如果迷失了方向想要逃生，那么就只能靠你自己，靠你的勇气和信念来维持你的生命，继续前进了……

一个人失去了信念，等待他的只有死亡！

梦想是歌，带你穿越人生海洋逃脱死神的魔爪，信念是鸟，它在黎明仍黑暗之际感觉到了光明，唱出了歌！

只要心存信念总会有奇迹出现，希望虽然渺茫，但它永存人世，人生可以没有很多东西，却不能没有梦想，梦想是人类生活的一项重要的价值，有梦想之处生命就生生不息。

身边的很多人总是感叹梦想与现实的距离太远，但其实梦想和现实的距离，就像那片梅子林，就在前方。这个距离应该适当，距离太大了，那是妄想，就会觉得根本无法实现，也必然会丧失朝着梦想努力的信心；太小了，就会觉得那和现实没有什么两样，人就会麻木，无精打采地度过每一天。

放飞梦想就是把梦想像风筝一样地放飞，自己抓着线轴。让它飞到一定的高度，不能太高，也不能太低。觉得太高了，就把它往回拉，觉得太低了，就把它往外放。

通往梦想的道路并不是一帆风顺的，就像我们放风筝的时候总会遇到刮风和下雨。我们要学会呵护梦，把梦藏在心中，让风吹不着，让雨淋不着。

我们要努力让现实无限接近梦想，但不能离开现实，离开了现实，人也会像没有根的树一样，会枯死，会离开生命的本质和意义。

因此，坚定信念，放飞梦想，你将能伴随它一起到达美丽的地方。拥有远大的志向，放飞心中的梦想，你将拥有一个更灿烂的明天。

当梦想照进现实的那天，你可以骄傲地说："梦想成真！"

心灵悄悄话

蝶的蛹在沉默了一冬之后，积蓄了全身的力量，终于把飞的梦想变成现实；依米花在沉默了五年之后，倾尽自己毕生的心血，终于把芬芳吐露给大家。坚定信念，放飞梦想，你就主宰了自己的世界。

第四篇　有梦想谁都了不起

推陈出新求发展

纵观商业发展的历史，有很多成功的企业，究其经营的秘诀，无不是靠推陈出新制胜。当经营者面对新知识、新事物或新创意时，并没有拒之于千里之外，而是将思路打开，接受新知识、新事物。正因为如此，一个奇妙的想法，一个小小的改变，为他们带来了意想不到的效果。

松下幸之助是由生产电插头起家的。创业之初，由于插头的性能不好，产品的销路大受影响，没多久，他就陷入三餐难继的困境。他身心俱疲地独自走在路上。一对姐弟的谈话，引起了他的注意。姐姐正在熨衣服，弟弟想读书，但是那时候的插头只有一个，用它熨衣服就不能开灯，两者不能同时使用。姐姐和弟弟为了用电，一直吵个不停。

弟弟说："姐姐，您不快一点开灯，叫我怎么看书呀？"

姐姐说："好了，好了，我就快熨好了。"

弟弟说："老是说快熨好了，已经过了30分钟了。"

姐姐说："好了，好了。"

松下幸之助想：只有一根电线，有人熨衣服，就无法开灯看书；反过来说，有人看书，就无法熨衣服，这不是太不方便了吗？何不设计出同时可以两用的插头呢？他认真研究这个问题，不久，他就设计出两用插头。试用品问世之后，很快就卖光了，订货的人越来越多，简直是供不应求。他只好增加工人，也扩建了工厂。松下幸之助的事业，就此走上稳步发展的轨道，逐年发展，利润大增。

提到创新，就会联想到发明创造，很多人会说："那是专家的事。"实际上，这种想法是十分错误的。在当今社会，创造活动已经不再是科学家、发明家的专利了，它已经深入普通人的生活中，一般人也可以进行创造性的活动，生活、工作中的各个方面都可以迸发出创造性的火花。

美国有一家牙膏公司，产品优良，包装精美，深受广大消费者的喜爱，营业额蒸蒸日上。记录显示，前10年每年的营业增长率为100%，令董事会雀跃。不过，业绩进入第11年、第12年及第13年时，则停滞下来，每个月维持同样的数字。董事会对此三年业绩表现感到不满，便召开全国经理级高层会议，以商讨对策。

"我手中有张纸，纸里有个建议，若您要使用我的建议，必须另付我5万元！"会议中，有名年轻经理站起来，对董事们说。

"我每个月都支付你薪水，另有分红、奖励，现在叫你来开会讨论，你还另外要5万元，是否过分？"总裁听了很生气地说。

"总裁先生，请别误会。若我的建议行不通，您可以将它丢弃，一毫钱也不必付。"年轻的经理解释说。

"好！"总裁接过那张纸后，阅毕，马上签了一张5万元支票给那位年轻经理。

那张纸上只写了一句话：将现有的牙膏开口扩大1毫米。总裁马上下令更换新的包装。试想，每天早上，每个消费者多用一些牙膏，每天牙膏消费量将多出多少呢？这个决定，使该公司第14年的营业额增加了32%。

创造性想象力会产生思想上的创意，而创意会产生财富与成就。你认为你现在想做的事是正确的，并且坚信它一定可以实现的话，就

无须左顾右盼，而要勇往直前，果断地向理想挑战，不必理会倘若失败会怎样的疑问，那么你离成功就会越来越近。

亨利·兰德平日非常喜欢为女儿拍照，而每一次拍完后女儿都想立刻看到父亲为她拍摄的照片。于是有一次他就告诉女儿，照片必须全部拍完，等底片卷回，从照相机里拿出来后，再送到暗房用特殊的药品显影。而且，副片完成之后，还要照射强光使之映在别的相纸上面，同时必须再经过药物处理，一张照片才告完成。他向女儿做说明的同时，内心却对自己说："等等，难道没有可能制造出'同时显影'的照相机吗？"对摄影稍有常识的人，听了他的想法后异口同声地说："怎么可能？"并列举一打以上的理由说这纯属是一个异想天开的梦。但兰德却没有因这些不可能而退缩，于是他告诉女儿的话就成为一种契机。最后，他终于不畏艰难地完成了"拍立得相机"。这种相机完全满足了女儿的希望。兰德企业就此诞生了。

独创并不是高深莫测又神秘的东西，关键是要有独创的意识。成功与否在于人的一念之间，每个人都有创造的能力，人与人之间，创造力只有大小之分，没有有无之别。机会和方法对每个人都是平等的，只要不断地追求卓越，开动脑筋去创造，便能有更大的成就。

心灵悄悄话

无论做什么事，只有出奇才能制胜，这是一种上乘的做事心态。出奇就是想别人所没有想到的，做别人所没有做到的，只有这样，你才能在竞争中脱颖而出。而要出奇，就必须打破常规，也许一个新的创见，就可能改进我们的工作业绩，改变我们的生活。

坚持梦想，有梦才能幸福

梦想是美丽的，有了梦想，就要坚持，直到梦想成真的那天。

比尔·克利亚是美国犹他州的一位中学教师，有一次他给学生布置了一道作业题，要求学生写一篇以《我的梦想》为题的作文。

一个名叫蒙迪·罗伯特的孩子兴高采烈地把自己的梦想写了下来，用了整整一个晚上的时间，详尽地描述了自己的梦，梦想将来有一天能够拥有一个牧马场。罗伯特把梦想描述得十分详尽，并画下了一幅占地200英亩的牧马场示意图，有马厩、跑道和种植园，还有房屋建筑和室内平面设计图。

第二天他兴冲冲地将这份作业交给了克利亚老师。然而作业批回的时候，老师在第一页的右上角写了个大大的 F（差），并让罗伯特去找他。

下课后，罗伯特去找老师，问道："我为什么只得了 F？"

克利亚打量了一下眼前的毛头小伙，认真地说："我承认你这份作业做得很认真，但是你的思想离现实太远，太不切实际了。要知道你父亲只是一个驯马师，连固定的家都没有，经常搬迁，根本没有什么资本，而要拥有一个牧马场，得要很多的钱，你能有那么多的钱吗？"克利亚老师最后说："如果你愿重新做这份作业，确定一个现实一些的目标，我可以重新给你打分。"

罗伯特拿回自己的作业，去问父亲。父亲摸摸儿子的头说："孩子，你自己拿主意吧，不过，你得慎重一些，这个决定对你来说很

重要!"

罗伯特一直保存着那份作业,那份作业上的 F 依然很大很刺眼,正是这份作业鼓励着他一步一个脚印不断超越创业的征程,多年后蒙迪·罗伯特终于如愿以偿地实现了自己的梦想。

多年后,当克利亚老师带着他的 30 名学生踏进这个占地 200 多英亩的牧马场,登上这座面积达 4000 平方米的建筑物时,流下了辛酸的泪水,对罗伯特说:"现在我才意识到,当时我做老师时,就像一个偷梦的小偷,偷走了很多孩子的梦,但是你的坚持和勇敢,使你一直没有放弃自己的梦!"

每个人都有不同的梦想,每个梦都是绚丽多彩的。有梦想的人是幸福的,他们拥有明确的奋斗目标,在追逐梦想的过程中体会人生百味。只要心中的梦想不灭,勇敢地走下去,你就会到达成功的彼岸。

儿时的梦是五彩缤纷的,是一个玩具,是一个美丽的糖果,是一个大人不经意间的许诺……那样的梦是快乐的,是天真的,即使大人们不曾兑现承诺,我们也会很快从失望的情绪中走出,憧憬着下一个许诺。

青春时的梦是青涩的,是花草虫鸣,是月明星稀,更是雨中浪漫的爱情故事。

那个时候,我们会为一首歌,一句歌词,一个异性的眼神,甚至一个擦肩而过的路人而做梦。

我们渴望在黄昏,在细雨缥缈的雨巷,邂逅一个浪漫的故事,有着丁香般幽怨的爱情。那美丽的梦做了一个又一个,梦里主角却只有一个……

成年后,我们的梦是白色的。随着岁月的消逝,我们渐渐发现:成年人的生活不再像儿时那样轻松,取而代之的是责任与压力,一切并不像我们最初想象得那样美好。

我们为一个个美丽的梦欢笑、流泪,这些欢笑、眼泪都揉进我们的生活。生活是快乐的，美梦是我们对生活最美好的向往，也是生活的动力。

一个人若没有梦是悲哀的，有梦才有未来，让我们大胆地做梦吧，让梦想在空中自由自在地飞翔，梦想成真，实现心底的愿望。

心灵悄悄话

鲁迅说：人生最苦痛的是梦醒了无路可走。有梦想的人是幸福的，他们对未来充满美好的向往，并以此激励自己不断努力；没有梦想的人生就像一张白纸，枯燥乏味。

第四篇 有梦想谁都了不起

想象，成功的"核反应堆"

想象力是发明、创造的源泉，是"人类所拥有的最高特权之一"，是人类主观能动性的高度表现。一个没有想象力的人，是不可能具有不断探索的创新精神的。

语文课上，老师让学生组合形容花的句子。

大部分同学的回答都是："春天来了，百花齐放，万紫千红。"

老师说："很好！"

有两个学生比喻花是大地的时装。

老师道："及格！"

一个坐在后排的小女孩别出心裁地说："春天花亮了，秋天花灭了，花是灯。"

老师道："后排的同学不及格——花是灯，电是什么？"

几天后，那个老师又让学生组句："雪化后变成了什么？"

多数同学说："雪化后变成了水。"

老师说："大家说得很对！"

那个小女孩的回答还是与众不同："雪化后变成了春天"。

老师道："后排同学跳着走路，莫名其妙！"

爱因斯坦也说："想象力比知识更重要，因为知识是有限的，而想象力概括着世界的一切，推动着科学发展、进步，并且是知识的源泉。"小女孩的宝贵想象力就这样被老师无情地扼杀了，从此变得规

规矩矩，真是令人痛惜。

　　法国生物学家克劳德·贝尔纳曾说过："我们学习的最大障碍是已知的东西，而不是未知的东西。"据报道，某少儿艺术中心创办想象力绘画班，一段时间后，该中心举办了一次习作展，当家长们看到马被画成五颜六色、甚至长上翅膀时，他们纷纷指责绘画班误人子弟。主办方解释这是为了让孩子们充分发挥想象力，可大多数家长还是选择带着孩子离开。

　　在我们的周围，类似的事情比比皆是。人们常常因为已有知识水平和认识能力的束缚，难以接受新的思维观念，因此也难以依靠想象力唤醒生命深处的巨大潜力。正如贝鲁泰斯所说："想象是人生的肉，若没有想象，人生只不过是一堆骸骨。"

　　想象力在我们所做的任何事情中都具有创造性，它可以给你带来一个成功的想法和非凡的思路，让世界上许多事物向你展示新奇的面目。因此，当我们有一个成功创意存在于大脑中时，不妨相信成功已经在某处等待，只需要我们赶上去罢了。

　　当代商业领导人也很重视想象的意义和力量，被很多人青睐的星巴克咖啡店便是霍华德·舒尔茨想象的结果。正是他充分的想象，创造了意大利人以及他们的蒸馏咖啡吧那种浪漫而温馨的体验。如今，这样的咖啡吧在许多国家的大中小城市里随处可见。舒尔茨写道："每个星巴克咖啡店都经过精心设计，以提高顾客看到、摸到、听到、闻到的一切事物的质量……"而这一切体贴入微的设计都需要想象力！

　　拿破仑说："想象力统治世界。"著名苏格兰哲学家戈尔德·斯图尔特这样说："想象的能力是人类活动中最伟大的根源，也是人类发展的主要源泉……破坏了这种能力，人的生存条件就会变得像畜生那样变动不居。"就连讲求实用主义的企业家亨利·I·恺撒也这么说，"你可以想象你的未来"，他认为自己的一大半成功，都源于他对创造性想象积极而肯定的运用。

自谦

去过迪斯尼乐园的人可能都知道，随便拿起一件迪斯尼的小玩意仔细观察，都会让你感受到想象力催生出来的人性关怀。所以，才会有那么多参观迪斯尼乐园和迪斯尼世界的人，而且很多都是回头客。这种现象并非偶然，而是想象力的力量得到了最实际的应用。古人在论及想象力时就曾提出过"积学以储宝，酌理以富才，研阅以穷照"的见解，强调一切想象力都是建立在日常积累和生活体验之上。可见，发挥想象力并不是凭空臆想，而是必须建立在尊重客观实际的基础上。只有具备丰富知识，增加表象储备，才能为想象力的自由驰骋打下基础。

心灵悄悄话

爱因斯坦这样说："有人认为，只有诗人才需要幻想，这是没有道理的，这是愚蠢的偏见。甚至在数学上也是需要幻想的。"的确如此，每个人都是需要幻想和想象的，因为它是成功道路上必不可少的催化剂。

打碎心中的壁垒

有这样一个寓言小故事，说有一条鱼在很小的时候便被渔人从海中捕上了岸，渔人看它太小，而且很美丽，便把它当成礼物送给了女儿。小女孩把它放在一个鱼缸里养起来，每天它游来游去总会碰到鱼缸的内壁，心里便有一种不愉快的感觉。

后来鱼越长越大，在鱼缸里转身都困难了，女孩便给它换了更大的鱼缸，它又可以游来游去了。可是每次碰到鱼缸的内壁，它畅快的心情便会黯淡下来。它有些讨厌这种原地转圈的生活了，索性静静地悬浮在水中，不游也不动，甚至连食物也不怎么吃了。女孩看它很可怜，便把它放回了大海。它虽然获得了自由，但过了一段时间，它却又不开心起来。

一天它遇见了另一条鱼。那条鱼问它："你看起来好像是闷闷不乐啊！"它叹了口气说："啊，这个鱼缸太大了，我怎么也游不到它的边！"

一个对世事知之甚少的人是想不到要树立一个远大志向的。心就是一个人的翅膀，心有多大，世界就有多大。如果不能打碎心中的壁垒，即使给你一片大海，你也找不到自由的感觉。

现实生活中，许多人都抱怨："我工作太辛苦，简直没有时间去读书和思考。"这句话的意思是满足生计的需求已占据了一切，以至于你没时间去考虑远大未来的机会，没有时间去看看更广阔的精彩天地。

自 谦

林肯说过："我不在乎我的祖先是谁，我在乎他的孙子会变成什么样子。"我们不能借口一颗平凡的心就不去奋斗，那是背离了自己生命的本质。只要你愿意选择去超越，人生就会充满奋斗的乐趣。

李斯是秦朝的丞相，为秦始皇统一中国立下汗马功劳。可少有人知，李斯年轻时只是一名小小的粮仓管理员。

那时李斯26岁，是楚国上蔡郡府里的一个看守粮仓的小文书。他的工作是负责仓内存粮进出的登记，将一笔笔斗进升出的粮食进出情况记录清楚。

日子就这么一天天过着，李斯不能说完全浑浑噩噩，但也没觉得这有什么不对。直到有一天，李斯到粮仓外的一个厕所解手，这样一件极其平常的小事竟改变了李斯的人生态度。

李斯进了厕所，尚未解手，却惊动了厕所内的一群老鼠。这群在厕所内安身的老鼠，瘦小枯干，毛色灰暗，身上又脏又臭，让人恶心至极。

李斯看见这些老鼠，忽然想起了自己管理的粮仓中的老鼠。那些家伙，一个个吃得脑满肠肥，皮毛油亮，整日在粮仓中逍遥自在。与眼前厕所中这些老鼠相比，简直是天壤之别！人生如鼠，不在仓就在厕，位置不同，命运也就不同。自己在上蔡城里这个小小的仓库中做了8年小文书，从未出去看过外面的世界，不就如同这些厕所中的小老鼠一样吗？整日在这里挣扎，却全然不知有粮仓这样的天堂。

李斯决定换一种活法，第二天他就离开了这个小城，去投奔一代儒学大师荀况，开始了寻找"粮仓"之路。20多年后，他把家安在了秦都咸阳的丞相府中。

心有多大，你的成就就有多大。生活中有些人之所以不成功，就是因为把心拘泥在不起眼的小事上。常常为一件小事而耿耿于怀，常常为害怕遭受到别人的非议而放弃，常常为一些捕风捉影的事而大动干戈，因而失去了很多本应属于自己的机会，一次两次地失去也许不算什么，但一生往往就在这样的过程中消磨掉了……

　　假如你过于忙碌地工作而没有时间去开阔自己的心胸，去思考你做的事，去树立更远大的志向，就会像蚂蚁部落里最忙的工蚁一样，忙碌终生而无所作为。假如你过于专注于自己小小的领域，就不会知道其他领域也许对你目前从事的事有极大影响的资讯和思想。因此，必须花时间广泛涉猎、学习相关领域的知识，否则你只能是原地踏步。

心灵悄悄话

　　虽说是"不扫一屋安能扫天下"，但一个人如果只顾低头清扫他的小屋，而看不到外面广阔的天地，那又怎么可能展翅高飞？

第四篇　有梦想谁都了不起

别让固有思维害了你

　　人生在世，每个人的自身条件不一样，遇到的困难也迥然不同，因此，人们在解决问题时所采取的方法也千差万别。但有一点是一样的，那就是任何人遇到任何困难，都必须变通，不变通，就无法克服困难，就很难走向成功。古人说的"尽信书，不如无书"就是这个道理。读书的人只囿于一本书，一种思想。死死抓住一套理论而用来解决所有的问题，必然是行不通的。兼听则明，采取兼容并包、取长补短的开放思想，才能够让自己的视野更广阔，思路更宽泛。只有开放的头脑才能够有开阔的思路，也才能够在困难、危难之时，灵活变通，使问题迎刃而解。海伦·凯勒就曾说过这样的话：当一道门关闭了的时候，另一道就会打开。然而我们大多时候总是遗憾地盯着那道已经关闭了的门，反而对那道为我们敞开的门视而不见。换句话说，要想成功就要在任何时候都能解放自己的思想。

　　所谓解放思想，就是要让自己思维的触角向各个方向延伸，接触更多的新知识和观念，对新的领域进行积极的探索，让头脑丰富起来。大脑有充足的营养，才能够促使思路的产生和生长，头脑闭塞，思维死板的人，则会在很多重要的时刻陷入困境，无法自拔。

　　有两个探险家在林中狩猎时，一头凶猛的狮子突然跳到他们面前。

　　"保持镇静，"第一个探险家悄悄地说，"你还记得我们看过的那本关于野生动物的书吗？那书上说，如果你非常冷静地站着别动，两眼紧盯着狮子的眼睛，那它就会转身跑开的。"

　　"书上是那么写的，"他的同伴说，"你看过这本书，我也看过，可这头狮子看过吗？"于是第二个探险家拔腿就跑，最终逃离了魔掌，而第一个探险家却站着不动，准备与狮子对视的时候，狮子扑上来把他撕成了碎片。

　　遇到危险情况，保持冷静是必要的，但是也不能盲目冷静，书上说狮子不咬人，难道现实中它就真的不咬人了吗？谁也没有实践过，与其用生命做代价来检验"真理"，不如趁机赶快逃命。生硬的理论，不一定处处能够适应时刻变化的现实。人要生存，就要学会应变，学会变通，切不可形而上学，拘泥于一时一事。

　　然而，要解放思想，还要能够虚心向别人学习，承认别人比自己强，拥有自知之明，才会有忍耐别人的胸怀，更有向别人学习的谦恭态度，最终青出于蓝而胜于蓝，变成更强的人。

　　有一个聪明的男孩，有一天妈妈带着他到杂货店去买东西，老板看这个小孩很可爱，就打开一罐糖果，让小男孩自己拿一把。

　　但是这个男孩却没有任何的动作。几次的邀请之后，还是无动于衷，最后老板看孩子这么懂事，就亲自抓了一大把糖果放进他的口袋中。

　　回到家中，母亲很好奇地问小男孩，为什么没有自己去抓糖果？

　　小男孩回答得很妙："因为我的手比较小呀！而老板的手比较大，所以他拿的一定比我拿的多！"

　　这是一个聪明的孩子，他知道自己的力量有限，更重要的，他明白别人比自己强。凡事不能只靠自己的力量，学会适时地依靠他人，是一种谦卑，更是一种聪明。能够真心地承认自己的弱点，找到差距，就更容易促进自己的发展和提高。

自谦

在如今信息无限宽广的数字化时代，没有一个开放的头脑，很快就会被时代甩得远远的。逆水行舟，不进则退。在时代的激流里面，如果不能紧随时代的步伐，渐渐地就会迷失方向，走进困惑。

不要把自己的头脑封闭起来，积极地接收和学习新的知识和理论，融会贯通，变为己用，灵活变通，才能够在通往成功的路途上，避免崎岖和坎坷。当你有了一个明确的目标，并在实现它的过程中解放思想，善于学习，灵活机动地行事，你就能取得更大的成功。

对于某些思想僵化的人来说，一些微小的变化当然不足以引起他们的注意和敏感，即使遇到了某些重大的变化，他们也往往无所适从，只得顺其自然。"穷则思变"，与其到穷途末路的时候才想起来要学习、要变通，不如从一开始就解放思想，提高认识，拓宽思路，增强灵活应变的能力，踏上成功的坦途。

心理学家认为，你在生活中的自由程度是由你可以选择的行动方案的数量所决定的。而你思想解放的程度又决定着你能够想出的思路和方案数量。解放你的思想，思路就会变得宽阔。

心灵悄悄话

人生在世，一旦形成了固定的思维定式，就会习惯地顺着固有思维思考问题，不愿也不会转个方向、换个角度想问题。因此，无论我们遇到什么困难，处于什么环境都应该首先学会变通，而不是被最初始的思想所左右。

梦想成就英才

　　细数身边有所成就的人，无不是从小立下志向，拥有梦想的人。对于有志成才的人来说，很难想象没有梦想的人生会是什么样子。

　　比尔·盖茨从小酷爱读书，除了童话故事，他最喜欢的书要数《世界图书百科全书》。他常常一读就是几个钟头，对书的迷恋和狂热真是无人能比。盖茨从小就表现出强烈的进取心，这在同龄人中是罕见的，无论游戏还是比赛，盖茨总要争个高低。

　　盖茨就读的中学是美国最先开设计算机课程的学校。在这里，盖茨如鱼得水，求知欲得到极大的满足。凡能弄到手的计算机书刊、资料，盖茨总是百读不厌，还能举一反三。

　　同窗好友保罗·艾伦常向盖茨发难和挑战，坚强的意志力和强烈的进取心使他俩成为知己。艾伦曾说："我们都被计算机能做任何事的前景所鼓舞……盖茨和我始终怀有一个伟大的梦想，也许我们真的能干出点名堂。"

　　从比尔·盖茨的青少年时代我们就可以看出，也许盖茨最早所具有的梦想与一般人相差无几，财富、成功、金钱对一般人只是一个抽象的观念而已，但盖茨却能够将这一梦想与自己新接触的计算机联系在一起，这就使得他的梦想有了坚硬的基石。

　　盖茨还有一个人人皆知的梦想：将来，在每个家庭的每张桌子上面都有一台个人电脑，而在这些电脑里面运行的则是自己所编写的

软件。

正是在这一伟大梦想的催生下，微软公司诞生了，也正是在这个公司的推动和影响下，软件业才从无到有，并发展到今天这种蓬勃兴旺的局面。

纵观古今中外的成功者，我们会发现一个共同点，那就是：他们的心中都有一个伟大的梦想。正是这梦想，在其前进的过程中，在他们遇到困难、挫折和打击时，激励着他们勇敢地向前，不断坚持，从而走向成功。

台湾著名作家林清玄出生在一个普通的农民家庭里，小时候家里很穷，林清玄不得不每天跟着父亲下地干活儿。

一天，林清玄停下锄头，擦擦头上的汗水，然后就一言不发，呆呆地望着远处出神。父亲看见他这个样子，就问他在想什么。林清玄回答："我在想，等我长大了，我一定不种地，也不去上班。""那你想做什么呢？"父亲担心地问。

林清玄坚定地说："我会每天坐在家里，等着人给我邮钱。"听到这话，父亲忍不住笑了起来，说："傻孩子，别做梦了！世界上哪有这么好的事儿呢！"

上小学的时候，林清玄从课本上知道了埃及的金字塔，他又对父亲说："等我长大了，要去埃及的金字塔玩儿。"父亲这回更气了，在他头上拍了一巴掌，训斥道："不要总有不切实际的想法，把书读好，找个好工作爸爸就心满意足了。"

再后来，林清玄上了大学，毕业后当了记者，又出了好多书。他真的每天坐在家里读书、写作，而出版社、报社和杂志社也会源源不断地往他家里寄钱，林清玄就用邮来的钱去各地旅行。有一天，他站在金字塔下，仰望着高高的金字塔，想起了小时候对父亲说过的话，情不自禁地笑了起来。

林清玄成功了，他的成功源于对儿时梦想的不断追求。

梦想成就英才！

让每个立志成才的年轻人大胆梦想吧！

让每个伟大的梦想都能成为现实！

心灵悄悄话

梦想是人类对于美好事物的一种憧憬和渴望，有时梦想虽不切实际，但毫无疑问，梦想是人类最天真、最无邪、最美丽、最可爱的愿望，也是人类迈向成功的基石。

第四篇　有梦想谁都了不起

第五篇 >>>

诚如春风融化坚冰

　　爱是诚实的源泉,爱是信任的源泉。爱是你的一笔取之不尽、用之不竭的财富。它不会因为你的大方付出而减少,反而会在你的心里得到增加,使你表现出一种包容的气质。因此,以诚抱怨,去用心对待那些曾经有过错却用真心改之的人,融化他们内心的坚冰。

　　宽以待人,要有主动"让道"的精神,在与他人的交往中,常常会因为个性、脾气、爱好、要求的不统一和价值观念的差异,产生矛盾或冲突,此时我们应记住一位作家的话:"航行中有一条公认的规则,操纵灵敏的船应该给不太灵敏的船让道。"

得理也要让三分

我们提倡真诚，目的是为了用信任去包容接纳、团结更多的人，在顺利的时候共同奋斗，在困难的时候患难与共，进而为自己增强成功的能量，创造更多的成功机会。但是，当我们相信了别人，别人却辜负了你的期望时，如果你得理不饶人，也会使自己付出的信任前功尽弃，甚至为自己在成功的道路上人为地增加了阻力。

正如我们说的"宽容对待别人的错误"，这里我们说的"得理也要让三分"，再次说明了宽容的重要性。如果说"宽容"的人是懂得信任的人，那么能够做到"得理也能让三分"的人则是真正值得人敬佩的人。

清代康熙年间，人称"张宰相"的张英与一个姓叶的侍郎，两家毗邻而居，叶家重建府第，将两家公共的弄墙拆去并侵占三尺，张家自然不服，引起争端。张家立即发鸡毛信给京城的张英，要求他出面干预，张英却作诗一首："千里家书只为墙，让他三尺又何妨？万里长城今犹在，不见当年秦始皇。"张老夫人看见诗即命退后三尺筑墙，而叶家深表敬意，也退后三尺筑墙。这样两家之间即由从前的三尺巷形成了六尺巷，被百姓传为佳话。

得理让三分表现出的宽容，传达到对方那里便形成了信任——我信任你是个明理之人，所以不去和你争理。这种信任往往比据理力争更有效。因为很多时候，矛盾的双方都是"公说公有理，婆说婆有

151

理"，很难说哪一边是绝对的正确，更严重的是，在争吵的过程中彼此会越来越不信任，哪怕再有理，对方不信也无异于对牛弹琴，如此一来，矛盾就成了解不开的线团。所以，面对这样的矛盾，有诚心比"有理"更有效。

人们往往把大海比作宽广的胸怀，因为大海能广纳百川，也不拒暴雨和巨浪；也有人把忍耐性比作弹簧，因为弹簧具有能屈能伸的韧性。人们在一个单位或集体中工作学习，难免会产生一些意见或矛盾。但是，如果经常为一些鸡毛蒜皮的小事争得面红耳赤，谁都不肯甘拜下风，以致大打出手，事后静下心来想想，当时若能忍让三分，自会风平浪静，大事化小、小事化了。事实上，越是有理的人，如果表现得越谦让，越能显示出他胸襟坦荡，富有修养，反而更能得到他人的钦佩。

汉朝时有一位叫刘宽的人，为人宽厚仁慈。他在南阳当太守时，小吏、老百姓做了错事，为了以示惩戒，他只是让差役用蒲草鞭责打，使之不再重犯。此举深得民心。刘宽的夫人为了试探他是否像人们所说的那样仁厚，便让婢女在他和属下集体办公的时候捧出肉汤，故作不小心把肉汤洒在他的官服上。要是一般的人，必定会把婢女毒打一顿，至少也要怒斥一番。但是刘宽不仅没发脾气，反而问婢女："肉羹有没有烫着你的手？"由此足见刘宽为人宽容之度量确实超乎一般人。

这就是有理让三分的做法，刘宽的度量可谓很大。他感化了人心，也赢得了人心。人人都有自尊心和好胜心，在生活中，对一些非原则性的问题，我们应该主动显示出自己比他人更有容人之雅量。

俗话说，人非圣贤，孰能无过。每个人都难免会偶有过失，因此每个人都有需要别人原谅的时候。大部分人一旦陷身于争斗的漩涡，便不由自主地焦躁起来，有时是为了自己的利益，甚至是为了面子，

也要强词夺理，一争高下。一旦自己得了"理"，便绝不饶人，非逼得对方鸣金收兵或自认倒霉不可。然而这次"得理不饶人"虽然让你吹着胜利的号角，但也成了下次争斗的前奏。因为这对"战败"的对方也是一种面子和利益之争，他当然要伺机"讨"还。在这种时候，我们为什么就不能像刘宽那样，即使自己有理，也应让别人三分。其实，有些时候给他人让出了台阶，也是为自己攒下了人情，既做到了真诚，又留下一条后路。

宽以待人，要有主动"让道"的精神，在与他人的交往中，常常会因为个性、脾气、爱好、要求的不统一和价值观念的差异，产生矛盾或冲突，此时我们应记住一位作家的话："航行中有一条公认的规则，操纵灵敏的船应该给不太灵敏的船让道。我认为，这在人与人的关系中也是应遵循的一条规律。"

因此，用真诚的心对待已经发生了的事情，做一个能理解、容纳他人优点和缺点的人，才会受到他人的欢迎。相反，那些只知道对人吹毛求疵，又没完没了地批评说教的人，怎么会拥有亲密的朋友呢？人们对他只会敬而远之！

将心比心，才能做到宽以待人，推己及人。推己及人，是以自己为标尺，衡量自己的行为举止能否为人所接受，其依据是人同此心，心同此理，将心比心，设身处地。还可以用角色互换的方法，假设自己站在对方的位置上，想一想对方会有什么反应、感觉，从而理解他人，体谅他人，懂得了这点，当别人理短时就会大度地宽容他人，他人才会在自己理短时容让你，以此建立相互信任的人脉关系网。

"得理让三分"还隐藏了另外一层意思，就是告诫我们要尽量保持冷静，考虑一下对方犯错的原因，用真诚的心去体谅。我们对于那些无意、善意的过错应该采取宽以待人的原则，而对恶意的伤害则要坚决反对。恶意行为是有道德修养的人所不为的，是应该加以谴责的。同时，我们不能因为别人对自己的伤害，而变得不相信别人，甚至带有报复心理般地迁怒于人，认为别人负我，我为什么不能负别

自 谦

——
天地日月比人忙

人。事实上，别人无意或善意的过错虽然不对，但自己再跟别人一样犯错的话，便是明知故犯，不如真诚地去体谅，以诚报怨，得理让三分，做出榜样给别人，启发别人来改正自己的错误。

心灵悄悄话

有时候，你的谦让会融化一个犯错的人的心。用真诚的心来理解来体谅你身边的人吧。有些时候给他人让出了台阶，也是为自己攒下了人情，留下一条后路。

莫忘对人世的真诚

有个朋友曾说过这么些话：

多年前，曾经，我深深爱过一个他……

只是，那个爱着他的我，当时，无能察觉我们两人的步履，竟将我们带向两个迥然相异的未来！当离别的那一刻，终于无可避免地到来，我只能独自合上双眼、泪如堤决；同时，无言地、紧紧密密地，闭锁自己。

若是期许不同，甚或感觉不再，无法再如当初相约那样，携手缓缓漫步人生，何不婉转或直接提出？反以众多根本莫须有的理由，径行遮天掩地？你岂会不知，欺瞒造成的哀伤、恐惧与疼痛，只可能更大！

时常暗觉最初的约定，恍若已日渐分崩离析的我，长久以来的默不作声，是不是只是以种种粉饰太平的甜美假象，安慰似的欺骗自己？一次又一次，瑟缩在黑暗中的我，在背离的利刃于心中狠狠穿刺而过的伤口，自行洒上一撮撮疑问结晶而成的盐……

因此至今，我一直都万分感谢两位彼时不曾、更不肯弃我而去的挚友！"我们是朋友啊！不是吗?!"那段期间，从不曾间断地陪伴、接纳着对人世几近绝望的我的她们两位，总是这样对我说。

是啊，要对这人世存有多大的真心信任，才能持续地牢牢守护彼此作为朋友的约定，并不断付出呢？

"人生中，有一个非常不可思议的地方，那就是相信别人会引导

第五篇　诚如春风融化坚冰

155

我们。没有了这信任，我们只能一边摸索，一边踏着蹒跚的步伐，走向自己的道路；但若有了它，我们便能无往不利。"我的这两位挚友，以她们的言语和行动，切切实实地，在21世纪的现实世界里，印证了歌德这句古老箴言！倘使不是她们，犹如亘古闪耀至今的恒星，无论何时何地，都毫不吝惜地，给予我满溢温暖与信心的情谊，或许，自那之后的我，终究无法面对那已成事实的残酷现实，并从中再一次地、一点一滴地，重新相信这冰冷的人世间，真的有所谓信念、希望与爱的存在！

而若没有了对这人世的信念、希望、爱，"诚信"又该如何在我们心中，觅得属于它的立足之地呢？

我常想到两句托尔斯泰的话："不论做任何事，都应该充满爱心。""生命的目的，是以所有的形式去表现爱！"

有信念、有希望，然后，对这人世的爱，才会在我们心中油然而生。而若真正拥有对这人世的爱，这，也才足以支持我们，以不掩真心的诚信之道，面对所有与我们紧紧牵系的人际关系呀！无法想象，倘使这世间终有一日，全然失去了信念、希望、爱，那么，亲人、情人、友人……所有的人际关系，将会变成什么模样？

"破镜重圆"这句成语的由来，正恰如其分地说明了这其间的关系。

六朝时，陈国因国君沉迷酒色，国势渐衰。隋文帝杨坚见有机可乘，便率兵准备攻下陈国。陈国公主乐昌的丈夫——太子舍人徐德言眼见陈国必亡，某日，他便拿了一面镜子，并将它打破成两块！然后，他将其中的一半交给妻子，自己则收妥另一半的镜子。

他深情款款却难掩哀伤地对妻子说道："我们约好：万一由于这场战争，我们两人真的就此失散，以后，每逢元宵那天，我们就带着自己手中持有的那半面镜子，到市场里面去叫卖。如此，我们俩或许还有团圆的机会……"

当隋文帝进攻陈国时，徐德言与乐昌公主夫妻两人，果真不幸彼此失散，各自流离他方。待征战平息，乐昌公主便依着自己与丈夫的约定，每逢元宵，就带着丈夫那时交予自己的半面镜子，到市场里去叫卖。

年复一年……终于，某一年，她在元宵节的市场里，与也在那儿叫卖自己手中那半面镜子的丈夫相遇了！

老子说："信不足焉，有不信焉。"纵然曾经历诸多忧伤，但也不时由友人处感受人世温暖的我仍相信，只要我们都肯以诚信待人，这世上的悲剧，虽总不时发生，然而，出现概率不曾因之稍减的喜剧，也将在同一时刻，仍永不休止地，在这世间的每个角落上演着！

心灵悄悄话

真诚，如同冬日午后的阳光，晒得人暖暖的。只要我们都肯以诚信对待不公平的事情，那么这个世界上也会多一些诚心的故事。而真诚的喜剧，仍将永不休止地，在世间的每个角落上演着！

第五篇　诚如春风融化坚冰

付之以爱，报之以信

爱，自从有了人类以来，便一直在人世间回肠荡气，成为"永恒的主题"。爱是真诚的，爱是无价的。爱是主动地给予，而不是被动地接受，而且这种给予是无私的，不索取任何回报的。但是，爱的回报又是经常存在的，只是它在默默地、悄无声息地进行。

给人以爱，应该——首先，创造温暖、欢快的气氛，这是培植爱的土壤。并且，要常常抽出时间来团聚和交流，这样才能加深理解和增进感情。其次，在与他人交流感情时，要接受爱意并且表达感情。掩饰和压抑真情，别人就无从感受到你的爱，而你也无从体会到表达出爱的愉快。再次，要信任和尊重他人。信任是爱的基础。许多恋人或夫妻因为道听途说而彼此指责对方，相互失去信任，结果导致感情破裂。爱，只有互相尊重才能保持并深化、升华。

从前有个国王，有着一个他所钟爱到极点的儿子。这位年轻王子，没有什么欲望和要求得不到满足。因为他父王的钟爱与权力，可以使他得到一切他所向往的东西，然而他仍常常眉头紧锁，面容戚戚。

有一天，一个大魔术家走进王宫，对国王说，他有方法使王子快乐，能把王子的戚容变作笑容。国王很高兴地说："假使能办到这件事，则你所要求的任何赏赐，都可以答应。"

魔术家将王子领入一间密室中，用了白色的东西，在一张纸上涂了些笔画。他把那张纸交给王子，让王子走入一间暗室，然后燃起蜡烛，注视着纸上呈现什么。说完魔术家就走了。这位年轻的王子遵命而行。在烛光的映照下，他看见那些白色的字迹化作美丽的绿色，并变成这样的几个字："每天为别人做一件善事！"王子遵照了魔术家的劝告，并很快成为国土中最快乐的一个少年。

一个人的生命，除非是有助于他人，除非是充满了喜悦、快乐，那种对人人怀着善意的习惯，与对人人抱着亲爱友善的精神中所发生的喜悦和快乐，才能称为成功，才能称为幸福。我们必要有所"给予"，才能有所取得，我们的生命才能生长。

一颗良好的心，一种爱人的性情，一种坦直、诚恳、忠厚、宽恕的精神，可以说是一宗财产。百万富翁的区区财产，若与那种丰富的精神财产相比较，则不足挂齿了。怀着那种好心情、好精神的人，虽然没有一文钱可以施舍人，但是他能比那些慷慨解囊的富翁行更多的善事。

假使一个人能够大彻大悟，能尽心努力地为他人服务，他的生命一定能获得事实上的发展。最有助于人的生命发展的，莫过于在早年起，就养成善心以及懂得爱人的"习惯"了。尽管大量地给予他人以亲爱、同情、鼓励、扶助，然而那些东西，在我们本身是不会因"给予"而有所减少的。反而会由于给人愈多，我们自己用也愈多。

人生一世，所能得到的成绩和结果常常微乎其微。此中原因，就是在亲爱和同情的给予上显然不够大方。我们不轻易给予他人以我们的亲爱、同情与扶助，因此，别人也"以我们之道，还治我们之身"，以致我们也不能轻易获得他人的亲爱、同情与扶助。

常常向别人说亲热的话，常常注意别人的好处，说别人的好话，能养成这种习惯是十分有益的。人类的短处，就在彼此误解、彼此指责、彼此猜忌，我们总是依着他人的不好、缺憾、错误的方面批评他人，假使人类能够减少或克服这种误解、指责、猜忌，能彼此相亲相爱、同情、扶助，那么梦寐以求的欢乐世界，就有希望了。

自谦

我们大多数人是都因为贪得无厌、自私自利的心理，以及无情、冷酷的商业行为，而至于目光被蒙蔽，只能看到别人身上的坏处，而看不到他们的好处，假使我们真能改变态度，不要刻意去指责他人的缺点，而多注意一些他们的好处，则于己于人均有益处，如果我们能做到这一点，也可使他人经常发现别人的长处，因之得到兴奋与自尊从而更加努力，假使人们彼此之间都有互助的精神，这种氛围一定可以使世界充满了爱和阳光。

世界上到处为那些无私的、肯爱人助人的人建立纪念碑。这种纪念碑不一定是用大理石或铜雕铸的，却是建立在人们的心灵之中！

爱是诚实的源泉，爱是信任的源泉。付出你的爱，你就告诉对方我是真诚的，因无声的言语，用爱的行为告诉对方，付出你的爱，你就在你和对方之间营造了一种充满信任的气氛，在这儿，你得到了对方的信任。而且，爱是你的一笔取之不尽、用之不竭的财富，它不会因为你的大方付出而减少，反而会在你的心里得到增加，使你表现出一种爱人的气质。

心灵悄悄话

敢于勇敢付出自己的爱的人是无私的、真诚的，是充满信任的，他不但信任对方，他还让对方信任自己。所以别吝啬自己的爱，无私地付出，你将得到回报。

诚心使难题迎刃而解

当我们对所有有形无形的得失，尽皆了然于胸，再依自己真实的心意作出抉择，并老老实实地为自己的选择负起责任之时，这世上还有什么难题是不能迎刃而解的呢？

"……太过分了！我这么相信他，对他百依百顺全心全意，他居然一面却又背着我另结新欢脚踏两条船！"

那天晚上很晚了，家里的电话，却倏然打破黑夜里的一片静默，林林关掉答录机，接起电话，却听到话筒里传来好友的呜咽，也同样落泪的林林听着好友泣不成声，一时不禁慌了手脚只得尽力抑制住自己极想陪着哭的情绪，专心地听她说……

也不知过了多久，好友的情绪终于略微平静了下来。后来，她忽然问我："唉，你觉得，我应不应该就此与他分手？"

"这个嘛……你自己觉得呢？"林林反问她。"虽然他已对自己的行为作出解释，但我不晓得在这之后，我要如何面对他。一直以来，我们都处得很不错，他也对我蛮温柔、蛮体贴，可是，如今，发生了这种事，让我忍不住怀疑：难道，那些在我们之间的点点滴滴，都是假的？况且，今后若我们还在一起的话，我不知道我还能不能再像过去那样信任他。不过话说回来，3 年多的感情，说分手就分手难免不舍。"

好友絮絮叨叨地，说了许久许久……

自谦

"无论你打算怎么做，定要面对事实，想清楚，如此就不会留下太多遗憾或懊悔了。"在这通电话的最后，我只轻轻地对她这么说。人有悲欢离合，月有阴晴圆缺。自古以来，世事总难尽如人愿，而一颗满怀诚意的心，正是为我们解开世间所有难题的钥匙！

那一年，齐、韩、魏三国联合攻打秦国，大军已入侵函谷关。得知此事的秦王，万分焦急地召请公子他，前来与自己共同商讨对策。

秦王对公子他说："三国的兵力十分强大，因此我想割让河东求和，你以为如何？""讲和会后悔，不讲和也会后悔。"公子他答道。

秦王不解地问："为什么？""大王若割让河东之地求和，三国虽会收兵离去，可在事后大王必定会叹惋：'唉！真是可惜了这三座白白送人的城！'这是讲和的后悔。""那么不讲和的后悔，又是什么？"

"如果不求和，当三国攻过函谷关，咸阳就危险了！到时大王一定又会说：'唉！只因我对这三座城的吝惜，却导致国家走向灭亡之途！'这则是不讲和的后悔。"听完公子他对得失之间的详尽分析，秦王想了想说："既然怎么做都会后悔，那么我宁可因失去了三座城池而后悔，也不愿由于咸阳遭遇危机而后悔不已。"

有句哲谚说"天下事成于真而败于伪"，英国哲学家培根也留给我们这句箴言——"深窥自己的心！而后发觉一切奇迹，尽在自己！"

♥ 心灵悄悄话

有句哲谚说"天下事成于真而败于伪"，英国哲学家培根也留给我们这句箴言："深窥自己的心！而后发觉一切奇迹，尽在自己！"

将信用进行到底

良好的诚信和偿债能力，能使人们的借贷信用一次次地得到提升。你必须懂得，宁可失去钱也不要失去你的信用。在这个复杂的世界里，更需要的是诚心，如果以诚抱怨，将信用沿用到底，世界就会有所不同。

人对于金钱的渴望是十分正常的，作为一个正常人，不要讳言对钱的喜爱，但要认清金钱的定位，金钱是人类实现社会价值与自我价值的手段而已，有的人因为把手段变成了目的，便认为只要有钱在身，生命就有价值，却不肯将钱花在有意义的事情上，这种想法实在太可怕了，同时也是一种不健康的想法。

商海沉浮，中国温州人创造了一个又一个的商业神话，温州人赚钱的秘诀很多，使他们永远立于不败之地的一大秘诀是：守信用，让自己的信用得到一次又一次的循环。即使对于那些不讲信用的人，也要用信用去感动他。

全国服装行业"双百强"企业、被温州市银行工会授予"信用百佳企业"的温州法派服饰企业有限公司，在国内外拥有300多家专卖店，产值达数亿元，而实现这一切他们只不过用了短短4年的时间。

为什么法派会取得如此骄人的业绩呢？该公司董事长彭星说，这和法派将诚信建设作为除品牌、管理、人才之外的第四种企业生存发展的要素分不开。

讲诚信，这已经是法派树立良好商业形象的立身之本。彭星说，

诚信对企业发展的重要性就相当于心脏对于人，心脏停止跳动，生命就不存在了。

一位法派的中层干部说，2000年的时候，法派曾一次性销毁价值数百万元本可低价处理的次品，当时他很不理解这种做法，后来通过对法派企业文化的学习、领悟，才认识到"诚信是企业发展的灵魂"。

彭星说："诚信建设作为一种企业文化是不可能一蹴而就的，还需要从不同层次、不同方面进行完善，形成一种'守信光荣、失信可耻'的道德氛围。"

他认为，诚信不仅是企业核心竞争力的一个组成部分，是一个公司长期发展的基石，也是企业文化的一个重要体现，同时，也应该成为企业长期发展战略的有机组成部分。不守"诚信"，也许可"赢一时之利"，但一定会"失长久之利"。

诚信还是一个人乃至一家企业生存的根本。诚信的意义不仅在于一笔交易的成败，更重要的是它标志着一个企业的品质。"诚实做人，注重信誉，坦诚相待，开诚布公"是每一个企业家最基本的道德准则。

众所周知，企业家是社会资源的组织者和财富的创造者。他们可能是诚信最大的受益者，也可能是不讲诚信最大的受害者。温州的企业家在做企业的过程中，对于诚信问题有更深的体会。

正泰集团董事会主席南存辉说："诚信，就是对承诺负责。是一个人的立身之本，也是一个企业的立市之本。"的确，正泰在温州"假冒伪劣"的环境中得以脱颖而出，发展壮大，并成为中国低压电器行业第一批认定的驰名商标，成为中国工业电器公认的品牌，正是坚持诚信才使其获得成功。

温州人的原始积累曾走过一段很长的弯路，"假冒伪劣"盛行一时，许多商家见到温州人就想到了这一点，导致他们的生意越来越走向被动。回顾温州人的发家史，人们都不免提到这一块永远抹不掉的

"伤疤"，同时，这也成了温州人"心中永远的痛"。

1987年8月8日，是温州人刻骨铭心、永难忘怀的日子。这一天，5000双打着"温州制造"的假冒伪劣皮鞋在杭州武林门被付之一炬。

这把大火烧掉的不仅仅是那些皮鞋，同时被烧毁的还有温州的城市形象和温州人的信誉。有点年纪的上海人都记得，那时南京路上的大小商店，都不约而同地贴出过"本店无温州货"的安民告示。

然而，也许就是这次教训让温州人清醒了不少，这时一批卓有远见的温州民营企业家自觉地严把质量关，把诚信实实在在地刻在了自己企业发展的里程碑上了。

面对曾经的不讲诚信，而深思自己的言行，用诚心来赢得现在的发展。

温州奥康集团刚创业时，正逢"火烧温州鞋"余波未平，困难可想而知。推销员出身的董事长王振滔不仅在家庭作坊里按最严格的标准生产皮鞋，而且自己到湖北鄂州的一个商场站柜台。整整一个月之后，王振滔的作坊皮鞋以比国营鞋厂更好的质量、更低的价格及更优的信誉获得了生机。

今天的奥康拥有国际先进流水线21条，年产皮鞋900万双，但他们始终把"做鞋如做人，先做人后做鞋"作为企业的座右铭。

富兰克林曾经说过：信用就是金钱！温州的许多企业家，不需办理担保、抵押手续，只凭自己的签名，便可在银行获得数千万元的贷款。

据不完全统计，在温州老板一族里已有不少人拥有这样的"金笔"。

这表明，良好的债信和偿债能力，可以使你借钱的信用一次次地得到循环，或许在每次筹钱与偿债的过程中，便积累了自己财务上无尽的资源，那便是良好的债信。这种雄厚的本钱使你能应付未来的人生旅途。

自 谦

天地日月比人忙

若相反，失算了，借贷无能偿还，债信受到严惩的打击破坏，即终止了你原来可以循环不停的信用，若是这样，就再也无法回头了。因此，经商者必须要讲究诚信，让信用得到循环。

心灵悄悄话

现今社会越来越重视诚信了，若一个人没有诚信，那么他就不会拥有很多的朋友；若一个企业没有诚信，那么企业就不会成功。在如今的社会，更应该拿出点诚信，来融化人人都有的一颗对待他人的真诚的心。

166

有钱人的善行

　　人们的心中似乎都有种共识：有钱人就是唯利是图的人。但却不知道，有钱人若能真诚的行善，那么将会改变人们心中的那些想法。

　　长期以来，许多有钱人的经营策略一直是以善为本，这一切除了与他们的性格有关之外，也是一种促销的好办法。人是群居的动物，人与人关系的运用，对事业的影响很大。政治家因得人而兴，因失人而亡；企业家因供应的商品或服务为人所欢迎而发家致富。可见，一切都离不开人。在所有经营活动中，与人为善与真诚，把人与人的关系处理好，正是有钱人成功与致富的方法。

　　商业繁荣与否是一个国家经济发展的晴雨表，而零售业是否发达则是商业繁荣与否的重要标志。日本作为经济强国，零售业自然种类繁多，有超市、专营店、百货店、便利店等。其中，超市作为商业类型之一，在零售业界占据主导地位，而佳世客更是超市中的骄子，1995 年其营业额已高达 12021 亿日元。其创办人冈田卓也曾经是一个百货商店的店主，一个曾经在日本零售业界微不足道的人物，他靠着自己非凡的才华，一步步从"冈田屋"那简陋的小店迈进了佳世客那宽敞的办公室。在日本的四日市——冈田卓也的家乡少了一位精明能干、受人称道的百货店主，而在日本零售业界却多了一位叱咤风云的商业巨子。

　　冈田卓也，生于 1925 年 9 月 19 日，是家里唯一的男孩，42 岁的父亲冈田惣一郎中年得子，自然对小冈田宠爱有加。但是，天有不测

风云，1927年9月30日，正当冈田恕一郎想雄心勃勃开创自己的事业时，病魔却无情地夺走了他的生命。这时，冈田卓也才刚满2周岁。

冈田卓也可以说是"冈田屋"传统经营之道的忠实继承者，他时时牢记祖父的一句训言："要靠降价赢利，不靠涨价赚钱。"战后初期的日本，物资匮乏，有些商人趁火打劫，囤积销售，哄抬物价，造成物价飞涨，当时的商业界，黑市交易、投机经营成为普遍现象。在有可能决定"冈田屋"生死存亡的关键时期，是随波逐流，还是坚持正当经营，对年轻的冈田卓也社长来说，是一个重大的考验。尽管当时的小店很需要钱，而钱又那么唾手可得，但冈田卓也在关键时刻显示出他可贵的商德。

冈田卓也没有因为钱而放弃经商的原则，而是始终把维护商业信誉放在第一位，坚决顶住尔虞我诈的不良社会风潮，坚持低价销售、诚实经商，凭着良心和优秀的商德进行着惨淡经营。

冈田卓也所做的一切很快得到回报。

1947年秋，日本政府为制止黑市交易，恢复了战争时期曾实行的布票制度。居民必须在经营供需物品的商店事先登记所需，政府凭登记数量向商店批发布匹、衣物，登记过的顾客再凭票购买棉布或棉袄。

登记的客户越多，进货就越多；反之如果没有顾客登记，则说明商店没有信誉，政府也会相应取消其经营配给布匹的资格。由于"冈田屋"一向坚持优质低价、诚实经商，在当地享有极好声誉。因此，10月1日，政府一公布新措施，市民们纷纷到"冈田屋"登记。获得了信赖，小店也因此逐步走向兴隆和发展。

相反，如果当时冈田卓也像那些见利忘义、欺行霸市的奸商一样，现在自然也会被顾客抛弃，更不会有今天的佳世客。

人的真正的财富是他在人世间所施行的善良，富有仅仅是一种生活状况。即使你拥有无尽的金钱，那也只是代表你个人富有的一个方面而已。如果你十分有钱，却因此养成了自私、自大、贪婪、沮丧、尖刻、残酷、冷漠的不良习性，这就是你的贫穷所在，因为一个人精神上的富有远远比金钱更为重要。热爱生活，养成良好的诚实品格，这就是使一个人走向成功与富有的光明大道。

心灵悄悄话

有钱人有钱，不是他们的罪过，世人对他们的看法不能一直停留在傲慢冷漠的嘴脸上，但是如果有钱人以真诚待人，那么将改变他们在人们心中的位置。

第五篇　诚如春风融化坚冰

真诚感动上天

虚伪就像恶心的苍蝇，无时无处不在寻找机会，机会一旦出现，它便在你和别人之间的人际关系上叮上一口，你的信誉便被损害了。真诚在人际关系中非常重要，只有真诚地对待对方，信誉才会来临。

一次，一位名叫基泰丝的美国人来到日本，准备在日本奥达克余百货公司买个唱机作为见面礼，送给住在东京的婆家。日本售货员彬彬有礼，特地为她挑了一台未启封包装盒的机子。

回到住所，基泰丝开机试用时，却发现该机没有装内件，因而根本无法使用。她不由得火冒三丈，准备第二天一早就去奥达克余百货公司交涉，并迅速写好了一篇新闻稿，题目是《笑脸背后的真面目》。

第二天一早，基泰丝在动身之前，忽然收到奥达克余的员工打来的道歉电话。50 分钟以后，一辆汽车赶到她的住处。从车上跳下奥达克余的副经理和提着大皮箱的职员。两人一进客厅便俯身鞠躬，表示特来请罪。除了送来一台新的合格的唱机外，又加送蛋糕、毛巾一套和知名唱片一张。接着，副经理又打开记事簿，宣读了一份备忘录。上面记载着公司通宵达旦为纠正这一失误的全部经过。

原来，昨天下午 4 点 30 分清点商品时，售货员发现错将一个空心货样卖给了顾客。她立即报告公司警卫迅速寻找，但为时已迟。此事非同小可。经理接到报告后，马上召集有关人员商议。当时只有两条线索可循，即顾客的名字和她留下的一张"美国快递公司"的便笺纸。据此，奥达克余公司连夜开始了一连串无异于大海捞针的行动：

打了 32 次紧急电话，向东京各大宾馆查询，没有结果。再打电话问纽约"美国快递公司"总部，深夜接到回电，得知顾客在美国父亲的电话号码。接着又打电话去美国，得知顾客在东京婆家的电话号码，终于弄清了这位顾客在东京期间的住址和电话。这期间的紧急电话，合计 35 次！

这一切使基泰丝深受感动。她立即重写了新闻稿，题目叫《35 次紧急电话》。

没有人不会犯错，千里马还有失蹄的时候呢。但是，犯错的奥达克余公司以其极强的责任心来弥补其受损的公司形象。它的真诚感动了上天，于是，上天便把信誉给了它。

心灵悄悄话

社会上，需要像"奥达克余"这样的百货公司，一个这样的公司，为一件不小心犯的错打了 35 个紧急电话，可见这个公司的真诚度是极其高的，因此真诚感动上天，上天还他们以信誉。

第五篇　诚如春风融化坚冰

真诚信誉是法宝

　　这个时代对个人素质提出了越来越高的要求，但作为个体，单个人的精力和时间却是有限的，没有人能够样样精通，每个人都各有所长，各有所短。这样，要完成一件综合性强的事情，就必须实现人与人之间的合作。而且，随着信息时代的到来，信息量十分巨大，一个人不可能掌握所有的信息，信息资源在每个人身上所分配的种类和数量也是不同的。作为个体，一个人只有充分发挥自己所掌握的消息资源和尽可能利用别人掌握的信息资源，才有可能完成自己的目标。由此可以看出，在人与人之间发生交流并实现合作是必不可少的，而真诚和信誉则是人际交流的法宝和人际合作的前提。

　　显而易见，当你被问及"和人打交道时，你是愿意和一个有信誉还是没信誉的人交往?"时，你肯定回答"愿意和一个有信誉的人交往"。如果再继续问你："你和社会中大多数人打交道时，会信任对方吗?"那答案可能就不一致了。这两个问题一是表现信誉在人与人交往中能起到一种无声的"广告"作用：我是值得你信任的。毕竟，和一个讲信誉的人打交道，彼此放心，双方有利；其二是在现在信誉显得很稀有的社会中，信誉的作用尤其重要，物以稀为贵嘛!

　　只有合作才有大事业与大成就，合作的前提就是人真诚，讲信用，有信誉。如果双方中有一人不讲信用，不信守承诺，或者两个人都不讲信用，则这种合作是不可能成功的。合同、协议的出现就是针对此类情况而来的，因为它们可能制约合作双方，在有一方不履行合同内容时，可以根据合同强制其履行或用法律制裁他。反过来，信誉又作用于合作。合作双方都讲信用，都有信誉，那这种合作则是顺利的，有利于双方的共同发展。所以可以这么说："没有信誉则没有真正意义上的合作。"

心灵悄悄话

真诚信誉是你一辈子的法宝，生活在人与人的交往中继续往前走，你通过不懈的努力和高尚的真诚为你赢得了良好的信誉，你不求回报，但回报自会前来。

第五篇　诚如春风融化坚冰

"金利来"的背后

　　"金利来"是国际知名品牌，在这里我们不讲牌子，来讲一讲它的创始人曾宪梓。

　　曾宪梓，香港商业界巨子，"金利来"的创始人。创业之初，曾宪梓凭着叔父资助的1万元资本，购买了一个熨斗、一把尺子、一把剪刀以及一台最便宜的缝纫机，凭着"无论将来环境如何恶劣，都必须正直做人，信誉为本"的训条，在香港成功地创造了一个奇迹。

　　曾宪梓的成功，与他真诚待人、讲求信誉的作风关系极大。他对他的员工说："无论各地的情况如何不同，各个顾客的要求如何差异，只要我们以诚待客，以诚抱怨，遵从企业训条，一切问题都可以得到解决。"

　　有一次，一个瑞典的顾客系着"金利来"的真丝领带去打网球，结果汗水使领带上的染料染坏了他的T恤衫。之后，这位顾客写信到金利来公司投诉真丝领带脱色。曾宪梓知道情况后，亲自接见了这位客人，并很认真地跟他解释说："真丝领带是不能沾汗的，因为所有丝质领带遇上汗水都会起化学作用而脱色。"而且，曾宪梓在请他提供进一步意见的同时，赔偿了他新T恤和新领带，并仔细告诉客人一些关于领带和T恤衫的日常保养办法。

　　客人向曾宪梓告别时激动地说："曾先生，我实在佩服你对顾客的真诚，以前我也曾遇到类似的情况而投诉其他公司，但都没有下文，这一次我实在太开心，太惊喜啦！"曾宪梓笑着说："你开心，我比你还开心，交了一位顾客朋友，而且你能来提意见，证明你对我们'金利来'是很关心的，我应该感谢你才是。"

随着信用的传播，"金利来"的名号越来越响亮，赢得了许多的顾客和财富。这都是由于金利来公司的员工遵守着以诚抱怨的态度，赢得了成功。

可见，真诚的作用就有那么大。

心灵悄悄话

信誉对我们如此重要，以至于我们每个人都无法避开它。真诚地正视它并反思自己是我们唯一的选择。

第五篇 诚如春风融化坚冰

诚实是金，以诚感人

诚实是人生成功的基本要素，因为它能带来信誉。而一个诚实的人，将在这个世界上受人爱戴。

要成为一个诚实的人，其中的关键在于了解正直的意义以及它与诚实的关系。正直与诚实经常交替使用，正直一般指一个人的整体而言。

一般我们说一个人正直，代表这个人是从各个方面都无可挑剔的，诚实却在于说话办事的实在、不撒谎这个方面。应该说诚实是正直的人必备的一方面素质。

诚实本身就是一场搏斗。一个为人正直的朋友曾说："我每天都在和诚实搏斗。"我们每个人都在是非、善恶、美丑的战斗中，这就是我们的人生。

但我们时常生活在不诚实里，玩世不恭被小部分的人推崇，而且他们以"大家都这么做"为由拒绝诚实待人。这就跟阿Q"和尚摸得，我就摸不得?"一样了。也许不诚实在短期内会给你带来一定利益，但最终遭受失败的却仍是你。

不诚实的代价是昂贵的。一次不诚实的行为将导致另一次的发生。一次撒谎，必然为了圆这个谎，下一个谎也就接踵而来，便形成了一个恶性的循环。

不诚实让我们都变成了伪君子，持久的虚假和谎言彻底扭曲了我们的人格，我们再也不能坦荡地扮演我们希望扮演的角色，我们会在无穷尽的虚假中失落了自己。

不诚实阻止了我们的自我实践，沉迷于虚构的成绩中，而实际工作却忘却了。我们除了良心的自责外还有什么呢？

我们所做的每一件事要用诚实做基础，否则，我们的心灵将永远不会安宁，也不会享受到自我肯定的喜悦。我们在道德方面的书中接触到了很多有关诚实的形象。

切斯特菲尔德勋爵认为，诚实是最高尚的品德，他自己之所以成功也是得益于此。若能以诚对待世界上的不公平，那么成功就不会离开。勋爵这句名言——诚实高于一切，给世人留下了极为深刻的印象。

克拉伦在谈及他同时代最高尚、最纯洁的绅士福克兰时说："他是一个十分诚实的人，哪怕是说一句谎言，他也像偷了人家的东西一样，心神极为不宁。"

英国哈金森将军的夫人曾这样评价自己的丈夫，他是一位完全诚实可靠的人："他不想干的事情，他从不说；在他能力之外的事情，他从不轻易许诺；在他力所能及的范围内，他从不推脱，而且一经答应，决不食言。"

英国泰多尔教授这样评价哲学家法拉第："无论是现实生活中的还是哲学中的种种虚伪都令他十分讨厌。"英国皇家学院马歇尔·霍尔博士也是一个极为诚实、守职和高尚的人。他的一位最亲密的朋友曾这样评价过他，无论在哪里，他只要碰上虚伪和阴险的动机，他就要公开揭露，他自己的人生格言是"我既不愿意也不能够撒谎"。一个人到底应该正直还是虚伪，他对此从不妥协、含糊，无论碰到什么困难，要作出多大的牺牲，他总是反对虚伪，主持公道。

英国皇家学院阿诺德·博基石认为诚实是一面道德镜子，任何人在这面镜子面前都会显示自己的本来面目。阿诺德把诚实看得高于一切，他总是谆谆教育年轻人，一定要以诚待人，以诚行事，以诚立信，以诚为本。当他发现有谁撒谎时，他总是感到极不舒服，他认为撒谎是道德犯罪。当一个学生作出一项承诺时，他总是相信自己的学

生。"你能够这样说，这相当不错，我完全相信你的话。"他充分相信自己的学生，这给他的学生以极大鼓舞，阿诺德博士以这种特有的方式教育自己的学生一定要以诚为上，以诚立信。他的学生们后来相互说："跟阿诺德先生万万不可撒谎，恩师最反对虚伪和做作。"

心灵悄悄话

真诚，以诚为上，遇到什么事情，都能以诚对待，以诚实的心面对所有的事情。若能拥有此种诚心，那么生活也将如同春风一样舒心暖人。

对别人真诚地感兴趣

要获得对方的尊重与信任就必须坦诚地对待对方，而坦诚对待对方的前提是真诚地对别人感兴趣。对别人真诚地感兴趣的感染力是无比的，因为它是对对方的关心与尊重，而关心与尊重是相互的。

戴尔·卡耐基曾说过："你要是真心地对别人感兴趣，两个月里，你就能比一个要别人对他感兴趣的人两年内新交的朋友还要多。"

哈佛大学校长查尔斯·伊里特博士之所以能成为一位杰出的大学校长，是因为他无限地对别人尊重、感兴趣。一天，一个名叫克兰顿的学生到校长室中请一笔学生贷款，被批准了。克兰顿万分感激地向伊里特道谢，正要退出时，伊里特说："有时间吗？请再坐一会儿。"接着，学生十分惊奇地听到校长说："你在自己的房间里亲手做饭吃，是吗？我上大学时也做过，我做过牛肉狮子头，你做过没有？要是煮得很烂，这可是一道很好吃的菜呢！"接下去，他又详细地告诉学生怎样挑选牛肉，怎样用文火焖煮，怎样切碎，然后放冷了再吃。"你吃的东西必须有足够的分量。"校长最后说。

了不起的哈佛大学校长！有谁会不喜欢这样的人呢？

查尔斯先生在纽约一家大银行供职，他奉命写一篇有关某公司的机密报告。他只知道有一家工业公司的董事长拥有他需要的资料，查尔斯便去拜访这位董事长。当他走进办公室时，一位女秘书从另一扇

门中探出头来对董事长说，今天没有什么邮票。"我替儿子收集邮票。"董事长对查尔斯解释。

那次谈话没有结果，董事长不愿意提供任何资料。查尔斯回来后感到十分沮丧。然而幸运的是，他记住了那位女秘书和董事长所说的话。第二天他又去了，让人传话进去说，他要送给董事长的儿子一些邮票。董事长高兴极了，用查尔斯的原话说："即使竞选国会议员也没有这样热诚！他紧握我的手，满脸笑容。'噢！乔治！他一定喜欢这张，瞧这张，乔治准把它当作无价之宝！'董事长连连赞叹。一面抚弄着那些邮票。整整一个小时，我们谈论着邮票。奇迹出现了，没等我提醒他，他就把我需要的资料全都告诉了我。不仅如此，他还打电话找人来，把一些事实、数据、报告、信件全部提供给我，出门我便想起一句一个新闻记者常说的话：此行大有收获！"

查尔斯满载而归。他并没有发现什么新的真理。很久很久以前，著名的古罗马诗人西拉斯就已说过："你对别人感兴趣，是在别人对你感兴趣的时候。"

因此，如果你想要别人欢迎你，你就该记住一个信条：对别人真诚地感兴趣。用真诚的心，赢得你想要的成功。

心灵悄悄话

若要融化一个人冰冷的心，必须用你的真诚去真心地了解并对别人真诚地感兴趣，才能让对方感受到真诚的力量，从而还给你真诚。

第六篇 >>>

诚乃安身立命之本

　　诚实是为人处世的最高品格，也是取得事业成功的必备美德。不论什么时候，也不论是在什么情况下，诚实都能让你赢得他人的敬重和信任。因此，诚乃安身立命之本。以诚立身，首先从自己做起，付出真诚，就一定能收获真诚。

　　人与人的交往，不外乎情感与利益两个方面。在这两者中，前者是建立在真诚的基础上的，也正因为如此，真诚才会在情感的交往中自始至终保持着不可动摇的地位，在人际交往中，情感和真诚会发生水涨船高的效应；后者是利益的交往。

轻松维系人际关系

人们常疑惑："年纪愈大，愈难交到推心置腹的好友"。倘使我们终其一生，都秉持诚信之道待人处事，这，怎么可能？

知名的美国小说家马克·吐温家隔壁，住了一位富有、却待人傲慢无礼的银行老板。有一回，马克·吐温写作时，急着想找到一本参考用书。只是，他心知肚明：那本书，实在非常不易找到！

心中为此犹如热锅上的蚂蚁的马克·吐温暗忖："这附近，恐怕只有像邻居银行老板拥有那么大的藏书室的人家，才可能有那本书吧？但，那位仁兄可能出借他的书吗？"

由于急需此书，无可奈何的马克·吐温只得硬着头皮，逼自己到隔壁去尝试借书。"哦！你要借这本书啊！"听了马克·吐温的来意，银行老板随即皱起眉头，满脸为难地说："我是有这本书。可是，这本书珍贵得很，万一你借走、弄坏了的话，该怎么办呢？"

马克·吐温立刻答道："请您放心，我一定会很小心地读这本书！"

"虽然你这么说，不过，我还是不放心……"银行老板依然迟疑着。

"先生，请您帮帮忙，我真的很需要这本书！"马克·吐温再度恳求对方。

"那么这样吧！"至此，银行老板才极其勉强地说："我的书，向来不外借；所以，你要借阅的话，只能在我家里读！"

自 谦

马克·吐温心里虽对银行老板如此不信任作为近邻的自己感到极为难过，但心急如焚的他，也只能无言以对地依着银行老板的要求，在那儿读完那本书。

后来，银行老板家里的剪草机坏了！银行老板便信步走到马克·吐温家，开口向马克·吐温借剪草机。

"我家里的剪草机比起府上的，要差得多了。您如果不嫌弃，就请拿去用吧！"马克·吐温一如平日，温文有礼地回答银行老板。"唔"，银行老板拿起剪草机，看了看，说："你这剪草机是差了点。不过，这不碍事。"

当拿着剪草机的银行老板正准备转身走回家时，马克·吐温却忽地又发话了。

"可是……"他对银行老板微微一笑，说道："由于我家的剪草机从不外借，所以，只好请您委屈一下，在我家的草坪上使用它吧！"

"啊！"银行老板听到马克·吐温所言，不禁想起上回他来向自己借书的事，霎时涨红了脸！

"开玩笑的啦！我们是好邻居，不是吗？既是好邻居，就该相互信任、相互帮助呀！"马克·吐温见此，便以轻松的语调，对杵在那儿的银行老板这么说。如此一来，原本就面红耳赤的银行老板，对自己过往的行径更感惭愧了。此后，只见那位银行老板的待人处事，再也不复以往！

西方谚语有云，"你要别人如何待你，你就要如何待人"。以此言为这则轶事的注脚，真是恰如其分！无论彼此身为邻居、朋友、情人、家人、同事、师生……若自己想被人们的真心诚意围绕，自己便先得如此对待身旁的人们才是呀！

只不过，这份待人的良善心意，不正是后来被置身于现实世界，且时常处处顾及自己权益的我们，早已遗忘许久的事？

倘若长此以往，是不是，不再诚信待人处事的我们，都将孤独以终？唯衷心与人诚信相待，我们才能毫不费力地，紧密维系住围绕于我们身边的每一份人际关系，且永远不怕没有朋友！而那时，我们将不再孤单…

每念及此，我便想起一句中国谚语—"真诚是唯一流通各地的纯正货币"。

心灵悄悄话

中国有句谚语："真诚是唯一流通各地的纯正货币。"因此，展示你的真诚，真诚从自我做起，做到真诚，以诚立身，才能受到大家的欢迎。因为诚心，是安身立命之本。

诚实守信恪守本分

愈来愈觉得，无论身在职场，或是回到一己的日常生活，只要我们所遭遇的事情，一涉及感情、权力与金钱，往往它便会成为我们难以抗拒的强烈诱惑。

无分古今中外，尽皆如此。难道，只因诱惑令人心动难于抗拒，立意循诚信之道行走人生的我们，便轻易忘记曾与自己真心的约定？

齐景公时，由于齐国饱受外敌侵略，败仗连连，因此齐国的宰相晏婴，向齐景公推荐了一位足堪胜任大将的人才——田怀苴。

齐景公见田怀苴文韬武略样样精通，随即任命他为大将军。接受任命的同时，行事严谨的田怀苴也向齐景公建议："小臣人微权轻，所以希望大王能派一位为您所信任且为国家所尊重的大臣，来担任监督军纪的监军。如此，小臣更有打胜仗的把握。"

齐景公认为田怀苴所言甚是有理，便指派自己最信赖、亦为朝中最有威望的大臣——庄贾，担负起监军一职。

辞别齐景公后，田怀苴立刻前去与庄贾讨论出兵作战的相关事宜。两人并约定，次日中午，于军营门前集合出征。

第二天，田怀苴一早便赶到军营，并等待监军庄贾的到来。然而，他等了又等，却始终没等到庄贾的身影。

原来，权倾朝野的庄贾，此刻正与那些为自己设宴饯行的亲朋好友们，聚在一起大吃大喝，早将自己与田怀苴的约定给远远抛到九霄云外去了！

直到黄昏时分，庄贾才醉醺醺地赶到军营门口。早已心急如焚的田怀苴，不禁对此万分恼火。一见到庄贾，田怀苴便厉声质问他："庄监军，请问您何以迟到违反军纪？"谁知，此时仍带着酒意的庄贾，竟毫不在乎地回答："亲朋好友们来为我饯别，大伙儿一起吃饭喝酒，不知不觉，就耽搁了时间。"

听了庄贾的话，田怀苴强抑胸中燃起的熊熊怒火，严厉地说道："身为军队将领，接到命令后，就该忘掉自己的家庭；待抵达军营作好战斗准备，就该忘掉父母；而当置身战场、与敌军对阵作战时，便应该连自己都忘记。这才是一个称职的将领应有的作为！如今，眼见外敌入侵国难当头，你竟还安心喝酒，以致耽误大事，身为监军你可知罪？"说到这儿，田怀苴顿了一下，回头问军法执行官："违反军纪迟到者，依军法该当何罪？"

"应处以斩首。"军法执行官答道。"好！那就依军法行事，即刻将庄监军斩首示众！"田怀苴厉声下令。此后，田怀苴号令三军，将士们无不震动！而这支纪律严明的军队，也自此战无不胜。

古人常言："一诺千金。"庄贾恐怕早已忘记。即便那近在咫尺的诱惑是如何令人心动不已，本着"尊重他人、尊重自己"的真心诚意，无时无刻守护住我们与自己、与其他人的种种约定，才能为自己的生命创造无限美景。

心灵悄悄话

诚实守信在生活中处处常见，我们应该恪守本分，做到诚实守信，真心真意地守护我们的信誉，做到诚信从自己做起，否则我们将失去很多，甚至有时候是生命。严格守护自己的诚信，会带给生命意想不到的结果。

诚信是你立足的资本

一个人只有讲信用，才会在社会上不吃亏，别人才会信任你。诚信是人立足社会之本，也是想要做大事必备的一种品质。年轻人要想成大事必须讲诚信。

华人首富李嘉诚曾经告诫儿子："当你什么都不能留下的时候，只要留下诚信，凭这一点，你就可以东山再起。"无独有偶，韩国现代集团的郑周永也是这样的践行者。

郑周永是一个由白手起家变成韩国首富、世界顶尖富豪的传奇人物。郑周永不但经商有术，而且后来他弃商从政，也成为世界瞩目的新闻人物。毫无疑问，郑周永是个值得人们学习的榜样，尤其对现代商人而言更是如此。

在郑周永弃商从政的 1991 年，现代集团的销售额达到 510 亿美元，居世界大工业公司的第 13 位，资产总额 900 亿美元，居世界工业公司自有资产额的第 2 位。郑周永的个人家产，据他自己说是 40 多亿美元，但权威人士估计达 65 亿美元。

1915 年，郑周永出生在一个破落的书香之家，他在家中是老大，下面还有 7 个弟弟妹妹。由于人口多，生活很贫困，10 岁的时候，他便一面读书一面参加繁重的劳动。

1933 年，18 岁的郑周永到汉城一个米店当伙计。因为正直能干，身患重病的米店老板把店铺交给他全权管理。当了店老板的郑周永先后将父亲及全家 20 多人接到了汉城。

1947 年他创办现代土建社。在这个基础上，他于两年后将土建社扩展为现代建设公司。

1950 年初，郑周永的现代建设公司已初具规模，成为一家拥有 3000 万韩元资产的中型企业。同年 6 月朝鲜战争爆发，他的得力助手、二弟郑仁永劝他携款回老家避乱，但他却南逃到釜山。釜山当时成为韩国政府的南迁地，因为战争原因，急需建房屋与军营，且造价昂贵。郑周永抓住这一机会，先后至少承建了 300 栋军营，造价只需 20 多万韩元一栋的房子，得到的承建费用却在 100 万韩元以上，让他大赚了一笔。

能拿到军营的承建权，与郑周永平时做生意讲信誉是密不可分的，战争年代人心惶惶，更需要诚信度，郑周永因此大有获益。然而，讲诚信有时是要付出代价的，1953 年郑周永承包釜山洛东江大桥的修复工程，就亏了大本。

承包到洛东江大桥的修复工程后，物价不断上涨，偶尔下跌也幅度不大。开工后一算总费用，比签约承包时的预算要增加 4 倍！这意味着完工后不但赚不到一分钱，还要亏赔上 7000 万～8000 万韩元。

郑周永骑虎难下，怎么办？是建还是停？摆在他面前的有两条路：一是停止修建，宣布公司破产，以保住昔日的积蓄；另一条路是冒着亏血本的代价硬挺下去，这样可能会把过去的积累全部赔光。为了"现代建设"的信誉，郑周永偏向了挺下去的做法。对于他的这一决定，当时他的亲友和公司的一些管理人员都表示不可理解，有的则站出来表示反对。但为了捍卫"现代建设"的诚信度，郑周永顶住了压力，义无反顾地干下去。他把自己所有的资金赔进去了，又变卖了十几年积蓄下来的全部值钱的家当，全投到洛东江大桥的修建工程上。

1955 年洛东江大桥准时修建完成，经权威机构检测，质量达到一流水平。郑周永松了一口气，摸摸自己的口袋，这时他才意识到自己已成了一个穷光蛋。虽然郑周永变成了穷光蛋，但洛东江大桥像一幅

杰作，成了郑周永无形的"资产"。它为郑周永赢得了社会信誉，光大了"现代建设"的名声，也赢得了韩国政府对他的充分信任。

从20世纪60年代中期开始，现代集团进军交通制造业。1967年现代汽车公司建成，现在该公司的汽车已成世界名牌。

人的诚信品格就像玉一样，品位越好就越值钱，郑周永的成功恰好证明了这一点。年轻人要想在以后的事业中有所作为，必须讲求诚信，才能站稳脚跟。

心灵悄悄话

从一定意义上讲，信就是诚，诚就是信，两者是相通的，基本内涵都是真实无欺。诚信，首先从自己做起，无论说话还是做事，都要诚实可信。诚信是你立足的资本。

信誉是人的第一生命

大家都知道"掩耳盗铃"的故事，那个自以为聪明的小偷到头来被自己骗了。其实做生意也一样，欺骗别人便是欺骗自己，讲信誉的人最终能够得到回报。

松下幸之助不仅在日本，而且在世界都被称为"经营之神"。然而，松下却说："生意不是神秘莫测的魔术，也不是诡谲多变的权术。生意就是实实在在地干事情，就是不欺骗别人，正正当当地做事，因此而获得别人的信赖。"他又说："生意不是奸诈诡谲之徒能做成功的，成功者应有一颗纯真无私的心。"

有句话说无商不奸，因此，一些人以为做生意就是要耍心眼、斗心计。松下以为，这只是看到了事物的局部，是只见皮毛、不见骨肉。而生意人所应秉持的，正好与此相反，应有一颗纯真无私的心。松下说："必须注意的事情很多，但最根本的，也是我期望自己能达到的，就是一颗纯真的心。人有了纯真的心，我所说的一切生意原则才会有效果；人若缺乏纯真的心，企业绝不可能不断地成长。"

松下一生就秉持着一颗纯真无私的心，所以生意上每每能临危而转、绝处逢生。比如，对于某种新产品，他根本不知该如何定价时，就诚实地告诉经销商这种产品的成本是多少钱，请他们帮助定价。经销商为某种产品而要求杀价时，他就告诉人家这种产品成本几何、正当利润多少，不能降价，如此等等。

森信公司董事长岑杰英，3岁时随家人移居我国香港地区，18岁

时父亲过世，一家人的生活重担落在他的肩上。开始他在一家纸行找到工作，一干就是 10 年，后因纸行关闭而自立门户。1965 年，他创立了森信公司。成立之初，员工只有 1 人。送货、接单、见客户、做会计都由自己独自承担。到 1995 年，森信全年的营业额已达 15.4 亿港元，销售纸品数量达 21 万吨，该年 12 月，森信在香港联交所成为上市公司。做生意 30 载，岑杰英深深感慨道："父亲没有留下什么给我，但他留下一个'信'字，在他眼中，信誉是人的第一生命，人无信不立。这个字可以说令我受益终生。"他将自己创立的洋纸公司命名为森信，其含义是："森"代表森林，是造纸的主要原料；"信"代表信誉，诚信为先是公司生意的宗旨。

岑杰英指出，中国香港地区的印刷业与时俱进，发展至今日，成为与德国、美国、日本齐名的全球四大印刷中心，主要是以质量好、价格廉、速度快、交货期准而享誉世界的。他不仅与客户做生意非常讲信誉，而且在公司职工中也是极重信用，他和职工感情非常深厚。他说，公司业绩倍数递增，领先同业，主要是因为自己与员工多了一份深厚感情。公司管理层人员，绝大部分是从在公司服务多年的员工中提拔的，合作自然默契。而且他肯听别人的意见，只要意见有道理，他不介意听从伙计的意见。

很多成大事的人都是以诚信做人而著称的，曾宪梓便是一个非常典型的例子。曾宪梓白手创业，从无到有，可以说一帆风顺。他做人、办企业信奉的是"勤、俭、诚、信"4 个字。曾宪梓认为，信誉是做生意的生命，货一定要真，不要骗人，骗别人就是骗自己。20 多年来，金利来在世界各地所建立的良好信誉，是事业成功的基本因素。

曾宪梓擅长做长线生意。假如一个公司一次进货 1 万条金利来领带，其他供货商可能求之不得，然而曾宪梓却询问对方一个月能卖多少条领带，若月销售 1000 条领带的话，曾宪梓就只卖给他们 3000 条领带，保证该店每个月有 2000 条存货，可以不断进新货，且资金可以周转，百货公司生意做活了，那么一年出售的金利来领带，恐怕就不只是原先计划进货的 1 万条了。

这便是诚信经商所带来的好处，想有所作为的年轻人应该把这一点铭刻在心里。

心灵悄悄话

在现实社会生活里，我们做人做事什么都不缺，缺的是人心，缺的是诚信，有的人只是要求别人有诚信讲诚信，而自己就很难用诚信来对待他人。在文明发展的今天，更应该注意为人的诚信度，从自我做起，做到以诚相待！

第六篇　诚乃安身立命之本

诚信是畅通的通行证

"你们说广告里说的，到底是真话？还是假话？"

还是置身在校园的时候，一次，某位由老师请来课堂中演讲的讲者，在走进教室站定的刹那，随即开口问了大家这个问题。当下，同学们对此议论纷纷……

"在广告传达给消费者的信息里，虽会将产品的优点或多或少加以放大；然而，能这么做的前提是该产品真的具有这优点！若非如此，广告岂不成了欺骗消费者的道具？而且想想看，即使某则广告以骗术侥幸地成功一次，但未来的某一天，当消费者们终于揭穿了这则广告中的骗局且决定从此不再受骗时，这产品还可能在市场上继续畅销吗？"

至今，我始终觉得那位讲者所言，虽是做广告的基本原则，可这道理，也与我们在这世上立身处世的根本毫无一致呢！

倘使为人处世不符诚信之道，我们存活于这世上的每一天，如何能坦然地面对与自己相遇的每一个人呢？

有一个牧羊的孩子，在自己所居的村落附近看守着一群羊。某天正守着羊群的他，忽然感到百无聊赖、无趣至极。于是，他便动了动脑筋，想了个主意！不一会儿，只见这个放羊的孩子，在脸上装出万分慌乱的神色，然后对着村里大声叫嚷道："救命啊！狼来了！来人啊！谁快来帮帮我，赶快把羊给救出来啊！"

听到这孩子惊慌失措的叫声，村人们自是义不容辞，一个个赶紧带着棍棒，跑向那孩子放牧之处！只是当村人们赶到那儿，却只见那放羊的孩子，正对着自己笑得上气不接下气，完全直不起腰来！

村人们得知自己受骗，只得悻悻然默默转身，走回村里。第二次、第三次，一连四次，这个放羊的孩子一再重施故伎；而善良的村人们，也一次次受骗！

没料到不久，狼真的出现了！

放羊的孩子眼见这回真的有狼出现，不禁满怀惊惧地，第五次放声大叫道："快点！大家赶快来帮我啊！狼在吃羊了！"

可是，有了四次被骗的前车之鉴，这一回村里再也没有任何人肯对这孩子的呼救信以为真！当然，这次即使这放羊的孩子喊得声嘶力竭，也没有人愿意来助他一臂之力了！

最后，这个放羊的孩子，只能眼睁睁看着无所顾忌的狼，安安稳稳地，一口口将所有的羊吃个精光……

一如这个众人自小耳熟能详的故事所指，无论是我们的言语或行为，倘若只是背离真实的虚伪假象，迟早定会被揭穿！而且，若是我们一直都仅以假象示人，有一天当自己终于表现出真实的一面，那时，却再也不会有人愿意对自己付出信任了！

与其如此，何不一开始就时时以真心诚意待人？

所以古人说："人无信而不立"。

心灵悄悄话

当人与人之间的信任在那一天尽皆毁于一旦，想再重建，恐怕就得花上一番甚是耗时的工夫，且不见得会有成效了吧？只有带着诚信上路，从自我修养做起，才能一路畅通，风雨无阻！

诚实的品格是可信的源泉

努力使自己做一个诚实的人，对我们的成长是有很大影响的。要明白：一个人要诚实、不说谎，才能够建立起自己的信誉。如果经常说谎，会令人觉得你的话不可靠，到你说真话的时候，别人也可能仍然不相信，到那时就后悔莫及了。

每个父母，都曾经一再对他们的下一代说过这些话："记住，小孩子一定要诚实，不能说谎，爸爸妈妈最讨厌孩子说谎。"

"要诚实，不说谎"，可以说是每位父母对我们最基本的要求，也是做一个好孩子最基本的条件。

俄国作家班台莱耶夫写过一篇叫《诺言》的小说，主要内容是：一个7岁的小孩儿，在公园里同几个比他大的孩子玩打仗的游戏，一个大孩子对他说："你是中士，我是元帅，这里是我们的'火药库'。你做哨兵，站在这儿，等我来叫你换班。"

小孩儿点头遵命，一直坚守着岗位。天黑了公园要关门了。"元帅"还不来，"中士"又饿又怕，只是因为诺言在先，他不肯离开"火药库"。幸亏有人从路上找来一位红军少校。少校对孩子说："中士同志，我命令你离开岗位。"孩子这才高兴地说："是，少校同志，遵命。"

诚实是做人的基础，是一切美德的根本。这个故事，起初看也许觉得好笑，守护自己的诺言，是很了不起的。

很久很久以前，在一个国家里有一个贤明而受人爱戴的国王。但是他的年纪已经很大了，而且没有一个孩子。这件心事，使他很伤脑筋。有一天，国王想出了一个办法，说："我要亲自在全国挑选一个诚实的孩子，收为我的义子。"他吩咐发给每一个孩子一些花种，并宣布："如果谁能用这些种子培育出最美丽的花朵，那么那个孩子便是我的继承人。"

所有的孩子都种下了那些花种子，他们从早到晚，浇水、施肥、松土，护理得非常精心。

有个名叫雄日的男孩，他整天用心培育花种。但是10天过去了，半个月过去了，一个月过去了。花盆里的种子依然如故，不见发芽。

"真奇怪。"雄日有些纳闷。最后，他去问他的母亲："妈妈，为什么我种的花不出芽呢？"母亲同样为此事操心，她说："你把花盆里的土换一换，看行不行。"雄日依照妈妈的意见，在新的土壤里播下了那些种子，但是它们仍然不发芽。

国王决定观花的日子到了。无数个穿着漂亮服装的孩子涌到街上，他们各自捧着盛开着鲜花的花盆，每个人都想成为继承王位的王子。但是不知为什么，当国王环视花朵，从一个个孩子面前走过时，他的脸上没有一丝高兴的影子。

忽然，在一个店铺旁，国王看见了正在流泪的雄日，这个孩子端着空花盆站在那里，国王把他叫到自己的跟前，问道："你为什么端着空花盆呢？"雄日抽咽着，他把他如何种花，但花种子又长期不萌芽的经过告诉国王，并说，这可能是报应，因为他在别人的果园里偷偷摘过一个苹果。

国王听了雄日的回答，高兴地拉着他的双手，大声地说：

"你就是我的忠实儿子！"

"为什么您选择一个端着空花盆的孩子做接班人呢？"孩子们问国王。

第六篇　诚乃安身立命之本

自谦

于是，国王说："子民们，我发给你们的花种子都是煮熟了的。"听了国王这句话，那些捧着最美丽花朵的孩子们，个个面红耳赤，因为他们种下的是另外的花种子。

心灵悄悄话

诚实是人类的美德之一，也是做人的重要品德之一。人们都喜欢与诚实的人交往、做朋友，却没有人喜欢爱撒谎的人，诚实的人在社会上会受人欢迎和敬重。我们应该把培养自己诚实的品质作为一项重要的教育内容。

把诚实变为一种习惯

"你希望别人如何对待你，你就要以同样的态度对待别人。"是待人处世的一条黄金准则。这条准则的精神实质就是，诚实是一个人美好品德的重要体现，一个终日谎话连篇的人，就会遭到身边人的远离和孤立。

读中学的兰兰是个诚实待人的同学，可是从来没有很好地理解这条黄金准则。在学习之余，她思索这条准则，感觉自己对这条准则的遵守远远不够。于是，她走进老师的办公室，请老师给她讲解这条准则的精神内涵。

老师用赞许的目光看看自己的学生，便给她做了详细的解释。老师说："这条准则其实是让人不要有任何私心。假如一个人能爱别人胜过爱自己。他肯定不会对他人做自己不愿意做的事情。不仅是这样，我们希望他人怎样对待我们，就应该以同样的态度对待他人。还要记住，批评他人的过错远比抗拒自身的诱惑要容易。"

"有很多诚实的人，可是他也非常自私。但是这条准则不但要求人们要诚实正直，还要有一颗慈悲的心。正如《圣经》里的撒尔利非常诚实，但是他遇见一个受伤的人时，却不伸手相助。而真正诚实的人对一个遇难的陌生人付出爱，那正是同样的情况下他希望人们对他做的事情。"兰兰认真地听着老师的讲解，并思索着老师的话。接着反复思考自己所做的事，过去那些自私的行为、恶意的举动都在她的脑海涌现。兰兰的眼睛里露出悔恨的神情，脸颊也羞红了。她暗暗下

定决心，从今以后无论遇上什么事情，一定要使自己的言行与这条黄金准则相吻合。

几个星期后，兰兰就遇到了一个考验自己的机会。她妈妈的工作是给一家宾馆的客人洗衣物，一个星期的报酬仅是100元，妈妈没有空闲时间，总是让兰兰代自己去宾馆领钱。一个周末的下午，兰兰像往常一样去宾馆领取妈妈的报酬，在办公室里找到财务经理的时候，他刚和一群客人因业务上的事交涉了半天，结果不欢而散，正在气头上。

财务经理看见兰兰手里捏着凭据，没有像平常那样训斥她，因为兰兰又在他忙碌的时候打搅他，于是他随手拿出一沓钞票递了过来。兰兰拿了钱急忙走出去，为自己逃过了一劫而庆幸。她跑到路上停下来，准备把钱放到衣服口袋里。这时她才发现手里的钞票多了50块钱，兰兰心里一阵狂跳，她抬头看了看，周围没有人，于是高兴起来，因为她可以占有这样一笔意外之财。

兰兰心里想："这笔钱是我的，全部属于我。我可以给妈妈买一件羊毛衫，这样一来，妈妈干活的时候就不用穿着她那臃肿的羽绒服了。"然而，兰兰的兴奋没有持续多久，因为她很清楚财务经理把钱给错了，这笔钱不属于她。可是一个声音在她耳边低低地说："反正钱是他给的。你何不把它当作他送给你的礼物呢。而且他的钱包里装着那么多钞票，不会知道弄错了一张50元钞票的。"

兰兰往家里走着，心里进行着激烈的斗争，是用钱买到的快乐重要，还是诚实做人重要。这时，她的耳边响起了老师给她解释的那条黄金准则："你希望别人怎样对待你，你就要怎样对待别人。"突然，兰兰猛地停住了脚步，转身往回跑。她跑得那样快，仿佛后面有什么危险在追逐。兰兰一口气跑回宾馆，余气未消的财务经理看见她又回来了，便没好气地问道："钱不是给你了吗，又回来干吗？"

兰兰气喘吁吁地说："叔叔，你多给了我50块钱。""我多给了你50块钱？是吗？让我看看！"财务经理接过兰兰递过来的那叠钞票，

数了数。然后不好意思地说："的确多了 50 块钱，不过你才发现吗？干吗不早点给我送回来呢？"兰兰委屈地低下了头。"我想你是打算自己留着，对吧？唉，看来你妈妈要比你诚实，不然的话这 50 块钱我可白扔了。"财务经理说道。兰兰小声地说："我妈妈并不知道这件事。我还没有到家就给你送回来了。"

财务经理用一双犀利的眼睛打量着兰兰，看到一串委屈的泪珠从她的脸上滚落下来。固执的他被感动了，他从口袋里取出 100 块钱，递给兰兰。可是兰兰没有去接递过来的钱，她哭泣着说："谢谢您，叔叔。我这样做并不是要得到什么报酬，我只希望您把我当作一个诚实的人。因为这笔钱的确是很大的诱惑，叔叔，要是您和我一样看见自己家人缺吃少穿，您就会明白，要做到对待他人像自己希望他人对待自己一样有多困难啊。"

这时，冷漠自私的财务经理低下了头，为自己感到惭愧，于是连连向兰兰道歉。他嘴里喃喃地说："有的人虽然年轻，可非常明白道理。"兰兰愉快地回到了那个简陋的家，因为她享受了诚实给她带来的快乐。

由此可见，诚实也许使你失去一些眼前的利益，但必定会给你带来更多的回报。欺诈虽然能获得一时的享乐，但终将被人摒弃。

心灵悄悄话

要想得到别人同样的对待，就要以同样的方式对待他。诚实，是每个人的根本灵魂；诚实，是每个人的安身立命之本。现今社会，更需要以诚立身。若每个人都能真诚一点，这个世界将无比的美好！

诚心需要理性来支配

倘若你只相信那些能够讨你欢心的人，那是毫无意义的；倘若你相信你所见到的任何一个人，那你被伤害的可能性就很大；倘若你毫不犹豫，匆匆忙忙地相信一个人，那你就可能也会那么快地被信任的那个人背弃；倘若你只是出于某种肤浅的需要而去信任一个人，那么随之而来的可能就是恼人的猜忌和背叛；当然，倘若你迟迟不敢去信任一个值得你信任的人，那就永远不能获得爱的甘甜和人间的温暖，你的一生也将会因此而黯淡无光。

在我们古代传统文化中有不少教人提防和戒备的警句格言。存在就有合理性，虽然我们强调诚心，但千百年来的教训也让我们看到了，没有原则地相信他人也容易被心怀不轨的人所利用。从那些经久不衰的民间俗语中，我们可以领略到这样一个道理：诚心也需要靠理性来支配。

一个人通常不会、也不可能信任所有人，相应的，一个人通常不会、也不可能只信任他自己，这就是说这个人通常会信任一些人，形成一个信任圈。你往往信任许多人，而我往往信任很少的人，于是你我的信任圈有大小不同。还有，你信任三个人，我也信任三个人，似乎信任的人数一样，然而你信任的是家庭成员，我信任的是朋友，还是有不一样吧。倘若用一个"信任圈"这一比喻来形容这些被信任的人的话，可以这么讲，"圈"反映了两种意思，一是被信任的人的多少，圈大人多，圈小人少。二是被信任的人的类别，家庭成员、邻居同学、亲戚朋友还是老板，类别不同，给予自己的帮助也不同。

信任不是一成不变的，信任总是随着情形的改变而改变。你也许相信我会替你保守最为秘密的个人隐私，但不相信我所说的购物价格。我非常相信张三对宗教的信仰，但就是不放心他能否按时按质地做完事情，没有解释、没有借口。也就是说信任不是一个一成不变的量，而是一个变量，当环境、当条件、当情形变化了，比如从我们所说的物质世界——一种有形的、外部的经济世界，改变到精神世界——一种无形的、内部的心理文化世界，这信任也就因此不再一样了。问题的关键不是谁有多信任谁，而是在何种情况下谁比较可信。

　　这样的俗语举不胜举，如"逢人只说三分话，不可全抛一片心""画虎画皮难画骨，知人知面不知心""人心隔肚皮，做事两不知""害人之心不可有，防人之心不可无""人心难测、海水难量""人心似水无常形"、"人面咫尺，心隔千里"……显然，这些民谚折射出浓厚的自我保护、戒备和提防他人的心理。作为一种存在文化，它能够一代一代地传承下来，并且经常作为父母教育孩子处世的信条，必然有其合理的一面。可以说，我们每个人在成长过程中，都会受到这种民俗文化的熏陶，在思想行为中打下深深的烙印。

　　然而，在信任他人如此重要的今天，要做到既相信别人，又保护自己是一件非常不容易的事情。我们常常在幼儿园或小学校门口听到父母对孩子的叮咛：陌生人的东西不能要，陌生人的话不能听，更不要跟陌生人走。同时，父母还常常把一些恐怖的欺诈事件作为对孩子的警告，以提高他们的防范意识。我们从小就被警告：不要太相信周边的生活环境和人。

　　本来，真实、坦诚、信任是每个人理想的生活环境，但是社会中的人毕竟存在着各种钱、权、名誉等方面的利益冲突，在各种无形的竞争与较量中，真诚和信任往往容易受到伤害，取而代之的是我们都无可奈何的口是心非、钩心斗角、尔虞我诈的现象。不过，正因如此，我们应该在平时的工作和生活中积累那些相关的经验教训。如果一个人总是像孩子一样天真地相信所有的人和事，那么天真也会慢慢

变成迂腐和愚蠢。所以，我们要学会理性地信任别人，在涉及一些难以辨别的事情上，学会理性的思考，不对别人抱有天真的幻想。如果没有理由相信他，就要在态度上有所保留。

在《伪君子》中，男主人公是个善良的基督徒，在一次做礼拜时，看见了一个极为虔诚的教徒，打听到他的困难处境后，就施舍给他一些钱，而他却把钱分给了穷人。男主人公见他如此善良，出于对他的喜欢和同情，将这个名叫答丢夫的教徒接回了家。骗子最终会露出狐狸尾巴的，即便他改头换面，隐姓埋名，不变的是他面具背后丑陋的心。在名利诱惑下，答丢夫一次次变换着面具，暂时得到他所需要的，但"虚伪"的他，最终还是得到了应有的惩罚。

信任别人本就是一门高深的学问，它无疑会使我们变得很累。在环境的影响下，每个人的性格都会受到现实的打磨，不得不收起那些曾经视若珍宝的真诚与信任。

首先，理性地信任别人，就是要认清你与别人是否存在利益关系。利益是检验一个人真诚和信任度的测谎仪。有句话叫：没有永远的朋友，只有永恒的利益。我们也要分清，并不是每一个值得信任的人都可以成为朋友，理性地信任别人，确保的是自己的利益不受侵害。至于能否成为朋友，那是另一个范畴的事情。

其次，在信任别人前要仔细审清他的信任记录。我们都乐于去相信那些熟悉的人，是因为自己对他们以往的信任记录有充分的了解，知道他们不会伤害我们。事实上，如果了解了别人的信任记录，我们付出的信任也会更有保障。真诚表现出来的更多的是对一些没接触过的人的信任，这就要求我们仔细审查信任对象以往的信任记录。显然，一个没有任何不良记录的人，应该受到我们的尊敬，也值得我们付出信任。

最后，理性还表现在对自己有所保留。看起来这好像和真诚有所冲突，事实上并不是这样。相信别人并不是让我们倾其所有去帮助别人，把自己的幸福当作信任别人的赌注。对于信任，我们只要能够做到尽力而为就可以了，而这个尽力而为就是在保证自己不会受致命伤害的前提下。要知道，在很多情况下，一个值得你信任的人往往会更多地为你着想，他不会提出那些可能会伤害你利益的过分要求。同理，那些总是力图让你承担风险的人，你要非常仔细地考察他的真实意图，以免自己的信任付诸东流。

心灵悄悄话

　　一个没有任何不良记录的人，应该受到我们的尊敬，也值得我们付出信任。而在这时候，我们应该用我们的真心，诚心去对待身边的每一个人，真诚从自我做起，感染每一个人。

第六篇　诚乃安身立命之本

失去信誉就会失去尊严

20 世纪末的一个隆冬，在美国犹他州发生了这样一件事：该州土尔市的一所小学的校长路克先生，在冰天雪地里历时 3 个小时，爬行 1.6 公里来到学校上班，受到全校师生的热烈欢迎。

作为一校之长的路克怎么会有如此举动呢？原来在新学期开始之初，他为了激发全校师生的读书热情，曾公开宣布：如果在 11 月 9 日之前全体师生能读书 15 万页的话，他将在 9 日那天四肢着地爬行到学校来见全校师生。也许是受到校长的挑衅性的言语刺激，全校师生读书热情一浪高过一浪，连附属幼儿园稍大一点的孩子们也卷进了这场读书的热潮之中。结果，全校师生在 11 月 9 日前，把 15 万页书读完了。

"你真的爬吗？"校长接到了学生电话："你的承诺还能算数吗？"也有人劝路克校长："你的目的是激励师生们读书，现在目的已经达到了，爬着来到学校这一说也就自然不用再去刻意兑现了。""我绝对不能这样做，"路克校长斩钉截铁地说，"君子一言，驷马难追，爬着来学校上班的事我肯定要做。"

11 月 9 日那天早晨 7 点，路克校长和平日一样准时离开家门去学校。但与往日不一样的是，他没有开车，而是四肢着地地往学校爬去。校长为了不干扰交通和确保人身安全，他没有在公路上爬，而是选择了在路边积雪覆盖的草地上爬行。过往司机鸣笛向他表示敬意，更有几个学生索性和校长一起爬行，闻讯赶来的新闻记者一边拍着照，一边做着现场报道。

从家到学校的这一路，路克校长不但磨破了护膝，还磨破了5双手套。经过长达3个小时的爬行，他终于爬到了学校，激动万分的全校师生们夹道欢迎自己尊敬的校长。当面带微笑的路克校长气喘吁吁地从地上站起来时，学生们蜂拥而上，流着热泪紧紧地簇拥着他们敬爱的校长……

一个人如果失去了信誉，就会失去自己的尊严。这个故事中校长和学生打赌输了，果真从家里爬行到学校，他把自己的尊严抵押给了信誉。因此，他的尊严没有因此有所损失，反而把信誉赠送给了学校的每一个人。

心灵悄悄话

一个有信誉的人，其感召力是强大的，产生出来的力量可以把不可能变成现实。一个人的尊严，不是靠说说来赢得的，而是靠诚信来获取的。

第六篇　诚乃安身立命之本

欺骗自己就是自断后路

伪诈的人本质上就是不老实，善于弄虚作假、巧于掩饰，使人无法窥见其真实面目。尽管有些时候，这种人可能会窃取一时名誉，骗得淳朴的人们的信任，但他最终将会自食苦果。

很多人都还记得小学课本里那个《狼来了》的故事。故事给人们的教训是深刻的。它说明，欺骗别人的人，最终受损的只能是自己。然而，这样的故事并没有使所有的人觉醒，在现实社会中还在不断地重演"狼来了"的故事，一位朋友回忆大学生活时说道：

记得上大学时，有一次上街买衣服，来到一家门面挺漂亮的服装店。只见门口一块黑板上写了一行大字"最后一天大甩卖"，于是便动了心，有意上前买一件上衣。不料，一位同学见状拉住了我，低声说："这些字已经写了好些天了，上星期我来逛街就已经开始'最后一天大甩卖'了，千万别上当。"我一听立即缩回了脚，似信非信地往店里看了看，店里一个顾客也没有，心想，难道其他人没有看见这块黑板？衣服终究没买成。过了几天，我好奇得再次来到那家服装店。果然，那块写着"最后一天大甩卖"的黑板仍挂在门口。不过，来来往往的行人却没有一个进店买衣服。

想靠欺骗的手段发一笔，这种想法显然是不切实际的，最终只能落空。但如果一个人讲诚信，讲信誉，也许他并不想发什么财，但财富却会不请自来。

有一个小孩，父亲生前是个生意人，但在他生命中的最后几年，运气糟透了，欠下一大笔债务。在临终前，父亲对12岁的儿子说："如果你有志气的话，就替爸爸还清债务，免得遭人唾骂。"12岁的儿子含泪点了点头。按照法律规定，小孩完全可以不承担这笔债务。正当父亲的债权人后悔莫及的时候，小孩却一一上门拜访，并许下诺言，给他20年时间，他会还清父亲的全部债务。

20年！人的一生中有几个20年，小孩却要花这么长时间去还一笔自己不应承担的债务，这需要多大勇气呀！债权人没有几个对此抱有希望，但事已至此，别无他法，也只有听之任之了。于是，小孩开始了他的还债生涯，到了27岁那年，他还清了所有债款，比承诺的提前了5年。小孩缩短了还债时间，原因很简单，一是自己许下的诺言，成了一股强大的动力，促使他不断朝着目标奋斗；二是随着自己的诺言不断兑现，债权人对他产生了极大的信任，都愿意拉他一把。而且，由于诚信的名声在外，与他合作的人越来越多，生意也越做越大，因而钱也越赚越多。

小孩自己也许没意识到，这笔诚信的财富让他获益终生。由于他花了15年的时间，去还一笔本来不属于他承担的债务，他的信誉在生意圈子中产生了一股巨大的力量，几乎没有人不愿意与之生意往来，结果他成了一个富翁。

心灵悄悄话

小孩在他一生以诚待人的过程中，虽然也碰到过受人欺诈的事情，但在"商场如战场""无商不奸"这样一种环境里，信誉却为他赢得了巨大的财富。

诚实是你潜在的信誉力量

本杰明·富兰克林说："我想在每一场合都努力讲真话，使自己的每一言行都做到诚实，而不准任何人对不可能实现的事情空抱幻想，这乃是理性动物最可宝贵的优点。"如果你是个诚实的人，人们就会慢慢地信任你。在任何情况下，人们都知道，你不会为自己的行为掩饰，摆脱责任或进行辩解。他们完全相信你说的是实话。乔治是一名成功的房地产经营家，其成功秘诀就在于——诚实。

乔治在讲述其早期经历时，说过下面一件事：他在伊利诺伊州刚开始从事房地产交易时，有一次，带买主去看森林湖区的一座房屋。房产主曾私下告诉乔治说这栋房子大部分结构都不错，只是屋顶过于陈旧，当年就得翻修。买主是一对年轻夫妇，他们说准备买房子的钱有限，极怕超支，所以想买一处无须修葺的房子。他们看过房子后，很喜欢，马上决定购买，并想立即搬进去住。但乔治对他们讲，这座房子需要8000美元重修屋顶。

乔治知道，说出房子屋顶的真相，会冒风险，有可能毁掉这笔交易。果然，这对夫妇一听说要花这么多钱来修屋顶，就不肯购买了。一星期后，乔治得知他们从另一家房地产交易所花较少的钱买了一栋类似的房子。乔治的老板听说这笔生意竟被人抢走，十分生气。他把乔治叫到办公室，问他是如何把这笔生意搞吹的。

老板对乔治的解释很不满意，也不高兴他为那对夫妇的经济条件操心。他咆哮道："他们并没有问你屋顶的情况！你没有责任要告诉他们。你主动告诉他们屋顶要修是愚蠢的，真是多管闲事！现在你把一切都弄砸了。"

老板解雇了乔治。如果乔治是个失败者，他可能会想："我把实情告诉那对夫妇，真是愚不可及。我何苦要为别人操心呢？那关我什么事？以后可不要再多嘴了，白白丢掉一份委托费。我可真笨！"

但是，乔治所希望的是做一个诚实的人。他一直受的教育是要说实话。他的父亲总是对他说："你同别人一握手，就等于签订了一项合同。你说的话要算数。如果你想在生意上站稳脚跟，就必须与人公平交易。"所以，乔治总是把人品放在第一位，而不是把赚钱看得高于一切。尽管当时他也想把那座房子卖掉，但不能为体面有损自己的人格价值。即使丢掉了工作，他仍然坚信自己唯一的做人准则就是在一切事情上都讲真话。乔治从他帮助过的一位亲戚那里借了些钱搬到了加利福尼亚。开了一家小型房地产交易所。数年之后，他以做生意公道和为人诚实建立了信誉。虽然他也为此丢过不少生意，但渐渐赢得了人们的信任。最后，他名声远扬，事业发展，生意兴隆，营业处遍及全国。乔治成功了。

在个人生活或事业上，你可能由于说老实话而失去某些东西。但是，在漫长的人生旅途中失掉一两次应有的报偿算不了什么。你需要的是建立起信誉，树立起正直诚实的声誉。你应该被人信任、尊重；应该让别人知道你是一个靠得住、值得信赖的人。

心灵悄悄话

著名道德学家塞·约翰逊说过："诚实而无知，是较弱的，无用的；然而有知识却不诚实，是危险的，可怕的。"乔治虽然失去了一个工作，却赢得了成功。

真诚是你必备的优良品格

明白了他信力的重要性，是不是仅仅对别人说一句"我相信你"就可以叫别人信任自己呢？这显然远远不够。要想让对方明白自己对他的信任，首先要表现出自己的真诚。

美国有一位心理学家曾对学生做过一次有趣的测验。他列出555个描述人的个性品质的形容词，如真诚、理解、慎重、大胆、慷慨、忍耐、坚定、敌意、说谎等，结果评价最高的品质是真诚，而评价最低的是说谎。

毫无疑问，具备评价高的品质会提高一个人受人爱戴的可能性；相反，具有评价很低的品质就会减少这种可能性。也许你认为具备一定的个人魅力和风度能够给人留下好印象，但真诚是心与心相通的桥梁，是交往得以成功的关键，是健康人格的重要组成部分。正如一篇文章中所说，"你用真诚鸣锣开道，所有的心都会撤去岗哨。心与心是感应的，真诚、挚爱将在心的世界长驱直入，一往无前。"

早些年，在喜马拉雅山南麓的尼泊尔境内的一个小地方很少有外国人涉足。后来，许多外国人却慕名到这里观光旅游。据说，这是源于一位少年的真诚。一天，几位前去旅游的日本摄影师请当地一位少年代买啤酒，这位少年为之跑了3个多小时。第二天，那个少年又自告奋勇地再替他们买啤酒。这次摄影师们给了他很多钱，但直到第三天下午那个少年还没回来。

于是，摄影师们议论纷纷，都认为那个少年把钱骗走了。第三天

夜里，那个少年却敲开了摄影师的门。原来，他只购得 4 瓶啤酒，尔后，他又翻了一座山，越过一条河才购得另外 6 瓶，返回时摔坏了 3 瓶。他哭着拿着碎玻璃片，向摄影师交回零钱，在场的人无不动容：这个故事使许多外国人深受感动。后来，到这儿来的游客就越来越多。

　　一个素不相识的贫穷少年，用自己的真诚赢得了他人的信任。你能说这名少年是依靠自己的魅力和风度赢得了他人的信任吗？很显然，这名少年一无所有，但他发自内心的真诚足以感动每一名来自发达国家的游客。其实，真诚包含的内容十分丰富，一般它可以概括为三种力量：道德力量、意志力量和智慧力量。从人的内心或行为动机这一角度去观察真诚时，它主要与道德和意志力量有关；从人与人相处的角度去看的话，就需要加进智慧力量。而只有在三种力量都充分实现后，才能从较高层次上体现出真诚。

　　人与人的交往，不外乎情感与利益两个方面。在这两者中，前者是建立在真诚的基础上的，也正因为如此，真诚才会在情感的交往中自始至终保持着不可动摇的地位，在人际交往中，情感和真诚会发生水涨船高的效应；后者是利益的交往，而这样的真诚必须是有利可图的，在这样的交往中，人们是在相互获利的平台上演示着真诚。从这点来说，利益交往中的真诚与否完全视利益而定，真诚在利益基础上才有价值。

　　有些人抱怨社会缺乏信任，进而也不再相信别人，不再相信社会。古人有"逢人只说三分话，不可全抛一片心。"今天有"害人之心不可有，防人之心不可无"。提防别人，目的在于保护自己不受伤害，这无可指责。但是，生活在没有信任感的环境里是很痛苦的。在许多时候，尽管你一再表白，还是没有人相信，急得你恨不得把心都掏出来。我们每个人都深受得不到信任之苦，同时也都不同程度地不信任他人及社会，造成了一种恶性循环。

据有关报道，在 1995—1997 年的 3 年时间里，全国 3000 多家保健食品企业倒闭了 2000 多家，夸大其词、虚假宣传、坑蒙拐骗是大量企业倒闭的重要原因。某些名噪一时的保健品，广告上吹得神乎其神，但真实的内容却大相径庭。在许多保健品的广告宣传中，常利用医疗机构、医生、专家等"权威结论"和患者的"现身说法"来获取消费者的信任。而这些"权威结论"和"现身说法"往往是子虚乌有。当这些真实的情况通过媒体被消费者获知的时候，保健品的信任危机也就发生了。尽管"做局"的方式在不断翻新花样，如各种"义诊""免费体检""免费皮肤测试"等活动往往深入到街道和家庭，但人们不久就发现，许多所谓的"义诊"活动并非真正的"免费午餐"，而是保健品厂家与"白大褂"共同糊弄消费者的一种宣传、诱购手法。久而久之，人们对货真价实的保健品也只能持半信半疑的态度了。最后的结果。就是保健品这个行业被毁掉了。

任何一项成绩的取得都是靠诚实劳动获得的，而不是靠虚伪的言辞、欺骗的手段获得的。用虚伪取悦于人是暂时的，由欺骗获得的成绩经不起推敲。诚信，是对自己负责，也是对他人负责。诚信的价值在于永恒，虚伪永远得不到尊重，最终的结局只有一种——自毁前程。

心灵悄悄话

真诚是一种人人必备的优良品格。一个人讲诚信，就代表他是一个品格高的人，会处处受欢迎；而不讲诚信的人，人们会忽视他的存在。所以，我们每个人都要讲诚信。

诚信是做人的基础

讲诚信的人，说真话，做实事，守信用，能够给自己带来无限的人生幸福，能够给他人带来无穷的心灵愉悦，是一个值得信赖、值得交往、值得尊重的人。

做人坦坦荡荡，实实在在；做事实事求是，尊重事实，尊重规律；与人交往，以诚待人，以信取人。诚实是做人的基本美德，有了这种美德，就具有了做人的基础。不讲诚信的人，说假话，做虚事，搞欺骗。不仅欺骗别人，也欺骗自己。这样的人，是一个爱慕虚荣、损人利己的人。即使取得了一点点成绩也是暂时的，即使获得了一点点赞许也不会持久。做人的虚伪本性决定了这样的人定会远离朋友，远离事业，远离人生的幸福。

韩国某大型公司的一个清洁工，平日是一个最被人忽视、最被人看不起的角色。但就是这样一个人，却在一天晚上公司保险箱被窃时，与小偷进行了殊死搏斗。事后，有人为他请功并问他的动机时，答案却出人意料。他说，当总经理从他身旁经过时，总会不时地赞美他："你扫的地真干净！"你看，就这么一句简简单单的话，就使这个员工受到了感动，并不惜以性命来回报。这也正合了中国的一句老话"士为知己者死"——这句话恰恰是对"诚"最好的诠释。

在工作方面，真诚地对待团队中的同伴也有积极意义。事实证明，金钱在调动团队成员的积极性方面往往差强人意，而真诚的赞美

却恰好可以弥补它的不足。因为生活中的每一个人，都有较强的自尊心和荣誉感。你对他们真诚的表扬与赞同，就是对他价值的最好承认和重视。而能真诚赞美下属的领导，能使员工们的心灵需求得到满足，并能激发他们潜在的才能。打动人心最好的方式就是真诚的欣赏和善意的赞许。

心灵悄悄话

你用真诚鸣锣开道，所有的心都会撤去岗哨。心与心是感应的，真诚、挚爱将在心的世界长驱直入，一往无前。